首饰设计与工艺系列丛书

宝石镶嵌工艺

魏子欣　著
滕　菲　主审
刘　骁　主编

人民邮电出版社
北京

图书在版编目（CIP）数据

宝石镶嵌工艺 / 魏子欣著 ; 刘骁主编. -- 北京 :
人民邮电出版社, 2022.8
（首饰设计与工艺系列丛书）
ISBN 978-7-115-58115-0

Ⅰ. ①宝… Ⅱ. ①魏… ②刘… Ⅲ. ①宝石—加工
Ⅳ. ①TS933.3

中国版本图书馆CIP数据核字(2021)第247932号

内 容 提 要

国民经济的快速发展和人民生活水平的提高不断激发国民对珠宝首饰消费的热情，人们对饰品的审美、情感与精神需求也在日益提升。近些年，新的商业与营销模式不断涌现，在这样的趋势下，对首饰设计师能力与素质的要求越来越全面，不仅要具备设计和制作某件具体产品的能力，同时也要求具有创新性、整体性的思维与系统性的工作方法，以满足不同商业的消费及情境体验的受众需求，为此我们策划了这套《首饰设计与工艺系列丛书》。

本书是关于首饰制作中与宝石镶嵌相关的工艺技法图书。本书系统介绍了宝石镶嵌的技法，并详细讲解了每种镶嵌方式的工艺原理、制作流程、工具设备的运用，以及镶嵌方式在设计中的应用等。初学者可以参照操作步骤进行练习，掌握工艺原理和制作技法，同时通过对优秀设计案例的赏析，学会将工艺应用于设计之中，在掌握工艺的同时，建立起工艺与设计相配合的创新思维。

本书结构安排合理，内容翔实丰富，具有较强的针对性与实践性，不仅适合珠宝设计初学者、各大珠宝类院校学生及具有一定经验的珠宝设计师阅读，也可帮助他们巩固与提升自身的设计创新能力。

◆ 著　　魏子欣
主　审　滕　菲
主　编　刘　骁
责任编辑　王　铁
责任印制　周昇亮

◆ 人民邮电出版社出版发行　　北京市丰台区成寿寺路 11 号
邮编　100164　　电子邮件　315@ptpress.com.cn
网址　https://www.ptpress.com.cn
涿州市般润文化传播有限公司印刷

◆ 开本：787×1092　1/16
印张：9.25　　2022 年 8 月第 1 版
字数：237 千字　　2024 年 9 月河北第 5 次印刷

定价：89.00 元

读者服务热线：(010)81055296　印装质量热线：(010)81055316
反盗版热线：(010)81055315
广告经营许可证：京东市监广登字 20170147 号

丛书编委会

丛书专家委员会

推荐序 I

开枝散叶又一春

辛丑年的冬天，我收到《首饰设计与工艺系列丛书》主编刘骁老师的邀约，为丛书做主审并作序。抱着学习的态度，我欣然答应了。拿到第一批即将出版的 4 本书稿和其他后续将要出版的相关资料，发现从主编到每本书的著者大多是自己这些年教过的已毕业的学生，这令我倍感欣喜和欣慰。面对眼前的这一切，我任思绪游弋，回望二十几年来中央美术学院首饰设计专业的创建和教学不断深化发展的情境。

我们从观察自然，到关照内里，觉知初心；从视觉、触觉、身体对材料材质的深入体悟，去提升对材质的敏感性与审美能力；在中外首饰发展演绎的历史长河里，去传承精髓，吸纳养分，体味时空转换的不确定性；我们到不同民族地域文化中去探究首饰文化与艺术创造的多元可能性；鼓励学生学会质疑，具有独立的思辨能力和批判精神；输出关注社会、关切人文与科技并举的理念，立足可持续发展之道，与万物和谐相依，让首饰不仅具备装点的功效，更要带给人心灵的体验，成为每个个体精神生活的一部分，以提升人类生活的品质。我一直以为，无论是一枚小小的胸针还是一座庞大博物馆的设计与构建，都会因做事的人不同，而导致事物的过程与结果的不同，万事的得失成败都取决于做事之人。所以在我的教学理念中，培养人与教授技能需两者并重，不失偏颇，而其中对人整体素养的培养是重中之重，这其中包含了人的德行，热爱专业的精神，有独特而强悍的思辨及技艺作支撑，但凡具备这些基本要点，就能打好一个专业人的根基。

好书出自好作者。刘骁作为《首饰设计与工艺系列丛书》的主编，很好地构建了珠宝首饰所关联的自然科学、社会科学与人文科学，汇集彼此迥异而又丰富的知识理论、研究方法和学科基础，形成以首饰相关工艺为基础、艺术与设计思维为导向，在商业和艺术语境下的首饰设计与创作方法为路径的教学框架。

该丛书是一套从入门到专业的实训类图书。每本图书的著者都具有首饰艺术与设计的亲身实践经历，能够引领读者进入他们的专业世界。一枚小首饰，展开后却可以是个大世界，创想、绘图、雕蜡、金工、镶嵌……都可以引入令人神往的境地，以激发读者满怀激情地去阅读与学习。在这个过程中，我们会与“硬数据”——可看可摸到的材料技艺和“软价值”——无从触及的思辨层面相遇，其中创意方法的传授应归结于思辨层面的引导与开启，借恰当的转译方式或优秀的案例助力启迪，这对创意能力的培养是行之有效的方法。用心细读可以看到，丛书中许多案例都是获得国内外专业大奖的优秀作品，他们不只是给出一个作品结果，更重要和有价值的，还在于把创作者的思辨与实践过程完美地呈现给了读者。读者从中可以了解到一件作品落地之前，每个节点变化由来的逻辑，这通常是一件好作品生成不可或缺的治学态度和实践过程，也是成就佳作的必由之路。本套丛书的主编刘骁老师和各位专著作者，是一批集教学与个人实践于一体的优秀青年专业人才，具有开放的胸襟与扎实的根基。他们在专业上，无论是为国内外各类知名品牌做项目设计总监，还是在探究颇具前瞻性的实验课题，抑或是专注社会的公益事业上，都充分展示出很强的文化传承性，融汇中西且转化自如。本套丛书对首饰设计与制作的常用或主要技能和工艺做了独立的编排，之于读者来讲是很难得的，能够完整深入地了解相关专业；之于我而言则还有另一个收获，那就是看到一批年轻优秀的专业人成长了起来，他们在我们的《十年·有声》之后的又一个十年里开枝散叶，各显神采。

党的二十大以来，提出了“实施科教兴国战略，强化现代化建设人才支撑”，我们要坚持为党育人，为国育才，“教育就像培植树苗，要不断修枝剪叶，即便有阳光、水分、良好的氛围，面对盘根错节、貌似昌盛的假象，要舍得修正，才能根深叶茂长成参天大树，修得正果。”[注] 由衷期待每一位热爱首饰艺术的读者能从书中获得滋养，感受生动鲜活的人生，一同开枝散叶，喜迎又一春。

辛丑年冬月初八

注：滕菲：《十年·有声——中央美术学院与国际当代首饰》，中国纺织出版社，2012，第 14 页

推荐序 II

随着国民经济的快速发展，人民物质生活水平日益提高，大众对珠宝首饰的消费热情不断提升，人们不仅仅是为了保值与收藏，同时也对相关的艺术与文化更加感兴趣。越来越多的人希望通过亲身的设计和制作来抒发情感，创造具有个人风格的首饰艺术作品，或是以此为出发点形成商业化的产品与品牌，投身万众创业的新浪潮之中。

《首饰设计与工艺系列丛书》希望通过传播和普及首饰艺术设计与工艺相关的知识理论与实践经验，产生一定的社会效益：一是读者通过该系列丛书对首饰艺术文化有一定的了解和鉴赏，亲身体验设计创作首饰的乐趣，充实精神文化生活，这有益于身心健康和提升幸福感；二是以首饰艺术设计为切入点探索社会主义精神文明建设中社会美育的具体路径，促进社会和谐发展；三是以首饰设计制作的行业特点助力大众创业、万众创新的新浪潮，协同构建人人创新的社会新态势，在创造物质财富的过程中同时实现精神追求。

党的二十大报告指出“教育是国之大计、党之大计。培养什么人、怎样培养人、为谁培养人是教育的根本问题。”首饰艺术设计的普及和传播则是社会美育具体路径的探索。论语中“兴于诗，立于礼，成于乐”强调审美教育对于人格培养的作用，蔡元培先生曾倡导“美育是最重要、最基础的人生观教育”。 首饰是穿戴的艺术，是生活的艺术。随着科技、经济的发展，社会消费水平的提升，首饰艺术理念日益深入人心，用于进行首饰创作的材料日益丰富和普及，为首饰进入人们的日常生活奠定了基础。人们可以通过佩戴、鉴赏、消费、收藏甚至亲手制作首饰参与审美活动，抒发情感，陶冶情操，得到美的享受，在优秀的首饰作品中形成享受艺术和文化的日常生活习惯，培养高品位的精神追求，在高雅艺术中宣泄表达，培养积极向上的生活态度。

人们在首饰设计制作实践中培养创造美和实现美的能力。首饰艺术设计是培养一个人观察力、感受力、想象力与创造力的有效方式，人们在家中就能展开独立的设计和制作工作，通过学习首饰制作工艺技术，把制作首饰当作工作学习之余的休闲方式，将所见所思所感通过制作的方式表达出来。在制作过程中专注于一处，体会“匠人”精神，在亲身体验中感受材料的多种美感与艺术潜力，在创作中找到乐趣、充实内心，又外化为可见的艺术欣赏。首饰是生活的艺术，具有良好艺术品位的首饰能够自然而然地将审美活动带入人们社会交往、生活休闲的情境中，起到滋养人心的作用。通过对首饰艺术文化的了解，人们可以掌握相关传统与习俗、时尚潮流，以及前沿科技在穿戴体验中的创新应用；同时它以鲜活和生动的姿态在历史长河中也折射出社会、经济、政治的某一方面，像水面泛起的粼粼波光，展现独特魅力。

首饰艺术设计的传播和普及有利于促进社会创业创新事业发展。创新不仅指的是技术、管理、流程、营销方面的创新，通过文化艺术的赋能给原有资源带来新价值的经营活动同样是创新。当前中国经济发展正处于新旧动能转换的关键期，“人人创新”，本质上是知识社会条件下创新民主化的实现。随着互联网、物联网、智能计算等数字技术所带来的知识获取和互动的便利，创业创新不再是少数人的专利，而是多数人的机会，他们既是需求者也是创新者，是拥有人文情怀的社会创新者。

随着相关工艺设备愈发向小型化、便捷化、家庭化发展，首饰制作的即时性、灵活性等优势更加突显。个人或多人小型工作空间能够灵活搭建，手工艺工具与小型机械化、数字化设备，如小型车床、3D 打印机等综合运用，操作更为便利，我们可以预见到一种更灵活的多元化“手工艺”形态的显现——并非回归于旧的技术，而是充分利用今日与未来技术所提供的潜能，回归于小规模的、个性化的工作，越来越多的生产活动将由个人、匠师所承担，与工业化大规模生产相互渗透、支撑与补充，创造力的碰撞将是巨大的，每一个个体都会实现多样化发展。同时，随着首饰的内涵与外延的不断深化和扩大，首饰的类型与市场也越来越细分与精准，除了传统中大型企业经营的高级珠宝、品牌连锁，也有个人创作的艺术首饰与定制。新的渠道与营销模式不断涌现，从线下的买手店、“快闪店”、创意市集、首饰艺廊，到网店、众筹、直播、社群营销等，愈发细分的市场与渠道，让差异化、个性化的体验与需求在日益丰富的工艺技术支持下释放出巨大能量和潜力。

本套丛书是在此目标和需求下应运而生的从入门到专业的实训类图书。丛书中有丰富的首饰制作实操所需各类工艺的讲授，如金工工艺、宝石镶嵌工艺、雕蜡工艺、珐琅工艺、玉石雕刻工艺等，囊括了首饰艺术设计相关的主要材料、工艺与技术，同时也包含首饰设计与创意方法的训练，以及首饰设计相关视觉表达所需的技法训练，如手绘效果图表达和计算机三维建模及渲染效果图，分别涉猎不同工具软件和操作技巧。本套丛书尝试在已有首饰及相关领域挖掘新认识、新产品、新意义，拓展并夯实首饰的内涵与外延，培养相关领域人才的复合型能力，以满足首饰相关的领域已经到来或即将面临的复杂状况和挑战。

本套丛书邀请了目前国内多所院校首饰专业教师与学术骨干作为主笔，如中央美术学院、清华大学美术学院、中国地质大学、北京服装学院、湖北美术学院等，他们有着深厚的艺术人文素养，掌握切实有效的教学方法，同时也具有丰富的实践经验，深耕相关行业多年，以跨学科思维及全球化的视野洞悉珠宝行业本身的机遇与挑战，对行业未来发展有独到见解。

青年强，则国家强。当代中国青年生逢其时，施展才干的舞台无比广阔，实现梦想的前景无比光明。希望本套丛书的编写不仅能丰富对首饰艺术有志趣的读者朋友们的艺术文化生活，同时也能促进高校素质教育相关课程的建设，为社会主义精神文明建设提供新方向和新路径。

记于北京后沙峪寓所

2021 年 12 月 15 日

序言

PREFACE

镶嵌工艺的产生和发展，自始至终都与人类对于宝石的喜爱密不可分，从易于打磨且色彩浓烈的绿松石、蜜蜡、红珊瑚，到坚硬而剔透的钻石，无论在什么文化背景下的人类，都不约而同地在大自然中发现了这些美丽的石头，并通过自己的勤劳和智慧，让这些石头绽放光彩，成为可以装点身体、美化生活的宝石。镶嵌工艺正是让这些宝石得以走近人类身体的实现方式，从钻孔串珠，到依靠金属来固定和佩戴，镶嵌工艺在人类对于美和精神需求不断提升的过程中也在完善和升级。

贵金属与宝石在首饰的发展史中是密不可分的两种材料，二者的结合使得首饰的价值最大化。在首饰的历史中，贵金属因为稀缺、韧性好、密度高等特性成为制作首饰的最主要材料，但是如果没有宝石，贵金属未免过于单调，首饰的历史也不会如此精彩。宝石镶嵌作为首饰制作中的重要工艺，它一方面是宝石与可佩戴金属结构的衔接和桥梁，另一方面建立起了这两类材质搭配的审美特质，甚至在首饰制作的其他工艺和技术中，都存在一定的比例是服务于这种特质的，因此宝石镶嵌工艺在首饰历史中的重要性不言而喻。

如今对于宝石，尤其是高档宝石，已经建立了完善的琢型标准和鉴定体系，而与之相配合的自然是镶嵌工艺的创新和发展，例如轨道镶、张力镶、隐秘式镶嵌等工艺的研发，让珠宝首饰的美有了更多的可能性。对于这些优秀的工艺案例的学习应该是多层面的，一个层面是学习工艺技法，另一个层面是学习善于思考和勇于挑战的精神。这些工艺的创新，不断改变着人们对于材料的认知，对于工艺思维的认知和对于珠宝首饰审美的认知。

本书共 12 章内容。第 1 章主要介绍了宝石镶嵌工艺的前期准备和相关知识点，包括宝石镶嵌所涉及的主要材料的特性和应用、工具设备的分类和使用特点，以及宝石镶嵌的美学价值等，通过这些方面的讲解为工艺的学习建立起前期整体认知；第 2 章至第 11 章，在这部分内容中，用了 10 章的大篇幅将现今流行的宝石镶嵌方式进行了系统的分类介绍，其中包括工艺原理、制作流程、工具设备的运用，以及镶嵌方式在设计中的应用等知识点，从而了解现今流行的宝石镶嵌的工艺范式；第 12 章的内容，将回归创新，也就是我们学习一切工艺范式的终极目的，是能够灵活地将工艺服务于设计，并根据设计的需要对工艺进行改良和创造性的思考，在这一章中将对优秀的宝石镶嵌设计案例进行分类赏析，通过这些案例的讲解给工艺学习者带来设计上的启发和工艺创新的引导。

近年来首饰设计学科专业性的提升，推动着首饰的样式越来越丰富，其丰富性的背后是满足更多的需求，无论是装饰性还是精神性的，无论是商业首饰还是艺术首饰，首饰都需要更加多样的语言，宝石镶嵌作为首饰制作中的重要工艺形式，从商业层面需要工艺创新来提升产品价值，从艺术层面需要工艺的个性化来实现创作的开放性。无论从哪一个角度，都需要全面的了解和系统扎实的学习作为基础，再带着创新的思维来探寻工艺学习的深层价值，这是本书希望带给学习者的学习工艺和看待工艺的方式。

最后特别感谢沈仕健、大曾珠宝工作室、黄禧建为编写内容所提供的工艺技术指导；感谢独立首饰设计品牌硬糖、朗睦，珠宝艺术家熊宸提供的素材支持。

作者

2022 年 1 月

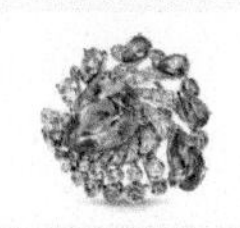

Contents 目录

目录 Contents

第1章

宝石镶嵌的前期准备

CHAPTER 01

宝石镶嵌的前期准备工作中，首先，也是最重要的，就是对贵金属与宝石这两类主要材料有一定的认知。我们只有对常见贵金属和宝石的特性、种类、琢型、运用办法，以及加工工艺等方面有所了解，才能合理地运用材料，做有效的设计。其次是宝石镶嵌的工具与设备，这是这项工艺得以实施的环境条件。我们需要了解相关工具与设备的使用方法以及对应的使用环节，进而能够灵活运用。最后是关于首饰设计中宝石镶嵌的审美价值，这一部分主要是关于镶嵌引发的首饰设计思维拓展的前期准备。只有了解了宝石材料本身的优势，以及材料更多的可能性，才能够更加充分地在首饰设计中运用镶嵌，而不是简单地以镶嵌作为一种固定宝石的工艺。

宝石镶嵌材料

宝石镶嵌材料主要是贵金属与宝石两大类。一颗价值连城的宝石往往是一件首饰的主体，金属结构是为了配合宝石而设计的，甚至被弱化，有时也会根据设计选择合适的宝石做镶嵌。虽然合理地运用宝石能够提升一件首饰的价值，但是金属才是首饰最本质的材料。下面我们将从不同的角度来了解这些材料对镶嵌的意义。

◆ 贵金属

在宝石镶嵌中，金（Au）、银（Ag）和铂族元素中的铂金是最主要也最常用的金属材料。由于它们具有对氧和其他试剂较好的稳定性和延展性，所以被大量地使用在与宝石镶嵌相配合的首饰和工艺器具中。这三类金属也因为在地壳中储量少、开采和提取难度大等，所以具有较高的价值。金银都曾作为流通货币，因此被用于制作首饰时也承载了对财富的象征意义，它们都属于我们普遍所说的贵金属。随着批量生产的需要，人们对金属含量配比、制作加工等技术要求不断提升，18K 金、925 银等优质的金银合金出现了。相对于纯金纯银来说，这些合金具有更适于制作和佩戴的硬度和稳定性，在首饰市场上更为流行，也是宝石镶嵌中常用的金属。

黄金

据科学家估计，地壳中的黄金资源储量大约为 48 万亿吨，但其中大部分分布在地核中，无法开采利用，地壳中仅有 960 万吨，海水中约有 440 万吨。在古罗马，黄金是黎明女神的名字，古印加人把黄金比作太阳的汗珠；古埃及人不仅视黄金为“可以触摸的太阳”，还把用黄金制成的首饰、器皿等物品当作神圣之物；在五千年前中国土地上也已经发现和开始利用黄金。黄金和人类的生活有不可分割的联系。黄金除了作为首饰制作的重要物质材料，还作为国家储备的货币，如图 1-1 所示。这也是为什么在选择首饰的时候，很多情况下人们会把金的保值性作为其价值评估的重要标准，背后隐含的自然是金在首饰中天然携带的财富、地位，以及身份的象征性。

图 1-1 拜占庭时期金币（图片来源：大都会艺术博物馆官网）

黄金具有金黄色金属光泽，莫氏硬度只有 2.5，比其他贵金属要低，很容易产生划痕、磕印；但黄金的密度和熔点都很高，密度为 19.32 g/cm^3，几乎是白银的 2 倍，熔点为 1 064.18℃，这也是为什么有“真金不怕火炼”的说法。黄金是热和电的良导体，并且黄金不易氧化，能够长久地保持金属光泽。黄金的延展性极好，1g 纯金能够拉成长 3 000 多米的细丝，可锻造成 9 ㎡ 的金箔。在传统首饰的设计制作中充分利用了黄金的延展性的花丝工艺如图 1-2 所示。由于纯金的硬度低、延展性强，在镶嵌中一般不适合爪镶等使用较少金属固定的镶嵌方式，因此在花丝工艺中宝石镶嵌以较为稳固的包镶为主。在现代的珠宝镶嵌中多利用黄金的合金 18K 金、14K 金等来实现爪镶等丰富多

图 1-2 银镀金点翠嵌珍珠宝石盆花式簪

样的镶嵌方式。从颜色的角度来看，黄金相对于白银和铂金具有更强的色彩感，无论是足金的金黄色，还是合金的玫红色、暗金色等，都能够与不同色彩的宝石产生多样的碰撞。

白银

白银呈润泽的白色，银和金一样都属于历史悠久的贵金属，银这种金属在人类历史上，无论是工艺品还是首饰，都留下了璀璨的痕迹。银在地壳中的储量大约是黄金的 15 倍，但由于银比较活泼，很少以单质状态存在，天然的银多半是以与金或汞等其他金属的合金的形式存在的，因此在古代虽然人们已经知道了如何开采银，但由于取得的量很少，其价值一度比金还要高。

银具有银白色强金属光泽，纯银密度为 10.49g/cm^3，熔点为 961.78℃，莫氏硬度为 2.7，银具有良好的延展性，仅次于金，银的导电导热能力是所有金属中最强的。银的缺点是易氧化，古人利用银的这个特性测试食物中是否有砒霜（三氧化二砷），这也是银的材料价值低于金的一个重要原因。银首饰在空气中暴露时间一长就会出现黑色的氧化层，影响饰品本身的光泽和颜色，因此银饰品多会用电镀的方式来避免氧化。

银按成分分类，分为纯银和色银。纯银按目前的科技手段能够提炼的最高纯度为 99.999%，但纯银在产品中多用于传统锻造、錾刻等工艺品，或民族饰品，如图 1-3 所示。和纯金一样，纯银由于硬度低也不适于爪镶等镶嵌技法，佩戴中存在容易产生划痕等问题，因此在现代首饰设计中对银的合金 925 银的使用更加普遍，其硬度相对较高，稳定性较好。

图 1-3 银质麒麟帽花

铂金

铂金相对于黄金和白银的使用，历史不算悠久，应用在首饰和工艺品上的历史就更短了。其原因自然是铂金的储量少，并且开采难度大。2019 年全球铂资源已探明储量约 6.9 万吨，其中南非铂矿占全球总储量的 91.3%。2019 年全球铂矿产量约 6 093 千盎司（172.7 吨），南非以 4 402 千盎司（124.8 吨）居首位，占比 72%；俄罗斯、津巴布韦、加拿大、美国分列 2~5 位。铂金的开采难度很大，同样质量的铂金提炼的矿石成本和时间成本都是黄金的数倍。

从物理性质来看，首先，铂金的密度很高，为 21.45g/cm^3（黄金和白银的密度分别为 19.32g/cm^3 和 10.49g/cm^3），并且熔点高达 1 772℃（黄金和白银的熔点分别为 1 064.18℃和 961.78℃）；其次，它具有优越的耐酸碱性，除在 70℃下用王水（浓盐酸和浓硝酸按照体积比 3:1 配比而成的强腐蚀性液体）可将它溶解外，没有其他酸、碱溶液能将它溶解。除此之外，它还有很强的耐高温性（加热不能使其变形）。正是由于铂金具有这些稳定的特性，它被作为国际千克原器的主要材料。1795 年，法国科学院计划将克作为质量基本单位，代表 0℃时 1cm^3 水的质量，并在 1799 年采用铂金制造出相同质量的实物原器。1879 年英国 Johnson-Matthey 公司制造出圆柱体砝码作为国际千克原器，它由铂铱合金制成，其中铂含量为 90%，铱含量为 10%，铂的稳定性符合千克原器的要求，铱可增强其耐腐蚀性。虽然铂金具有这些稳定的特性，但这种金属也具有令人难以置信的延展性，即用 1g 铂金拉成的细线，其长度延伸可达 2000m。

在 1780 年，铂金这种价值高昂的金属被使用在珠宝首饰中，巴黎一位能工巧匠为法国路易十六国王和王后制作了铂金戒指、胸针和项链。于是，路易十六夫妇成为世界上有记载以来最早拥有铂金饰品的人。从此以后，铂金声誉大振，一跃于黄金饰品之上，为皇亲国戚、达官贵人、巨商富贾所宠爱，至今仍是钻石戒指常用的金属材料。图 1-4 所示为卡地亚铂金钻石王冠。

图 1-4 卡地亚铂金钻石王冠

◆ 宝石

镶嵌工艺因宝石而产生，宝石本身也成为镶嵌的重要意义，其琢型变化推动了镶嵌工艺的发展。宝石与金属的关系：一些时候是在已有的金属造型上点缀宝石以使其装饰性更强，效果更佳；但更多的时候宝石本身才是主角，金属的意义在于固定宝石和衬托宝石，例如钻戒。金属的硬度与韧性使首饰可佩戴，但宝石种类和色彩的丰富性，使它相对于金属来说更具有跨越性的意义，它大大增加了首饰的财富价值和审美价值。

宝石种类

宝石种类众多，公认的五大高档宝石包括钻石、红宝石、蓝宝石、祖母绿、金绿猫眼，如图 1-5 所示；除此之外，还有众多色彩绚丽的彩色宝石，例如海蓝宝、碧玺、尖晶石等；另外还有不透明的有机宝石，例如珊瑚、珍珠等，这些宝石也被丰富地运用在镶嵌工艺之中。

图 1-5 五大高档宝石（钻石、红宝石、蓝宝石、祖母绿、金绿猫眼）

宝石琢型

宝石镶嵌工艺的发展是与宝石琢型工艺的发展同步的，这其中人们对钻石光芒的发觉更是直接促使了镶嵌工艺的进步。钻石的硬度高，经过严谨地刻面琢型后，能够光芒璀璨。传统的包镶遮挡了太多的钻石光芒，随之出现的爪镶能够更大限度地使钻石的光芒展现出来。

宝石琢型可以分为弧面和刻面两大类，弧面琢型较为简单，常见的形状有圆形、椭圆形、水滴形、橄榄形、方形等，弧面琢型的规范程度不及刻面琢型，刻面琢型虽然种类也是有限的，但是对琢型的技术要求较高。常见的宝石刻面琢型有圆形刻面琢型和圆形刻面琢型的变形（如椭圆形、橄榄形、心形、梨形等），以及阶梯琢型（包括长方形、正方形、六边形、八边形、梯形、盾形等）。下面对常见弧面琢型和刻面琢型分别做具体的介绍。

弧面琢型

弧面琢型也称为凸面型宝石或素面型宝石，是指宝石顶部表面呈弧形凸起、截面呈流线型的，具有一定对称性的琢型。弧面琢型底部可以是平的、外凸弧形或内凹弧形。弧面琢型适用于绝大多数宝石，因此较为常见。弧面琢型一方面可以保存尽量多的宝石克重，加工简单，另一方面也能够展现宝石的色彩和光泽。像一些半透明、不透明宝石，或猫眼石这一类宝石，就非常适合弧面琢型。弧面宝石如图 1-6 所示。

图 1-6 弧面宝石

弧面琢型有腰棱形状和截面形状两种分类方式。按腰棱形状分类，弧面琢型包括圆形、椭圆形、水滴形、马眼形、心形、垫形、矩形、八边形、十字形和随意形等，这些是从顶视角度观看宝石时所呈现的形状，如图 1-7 所示。

按照截面形状分类，最普遍的是单凸弧面琢型，这类琢型顶部呈弧面，底部呈平面，根据高度分为高凸、中凸以及低凸弧面，如图 1-8 所示。还有一类常见的是双凸弧面琢型，这类琢型顶面和底面都向外凸起，底面凸起高度低于顶面凸起高度，一般猫眼石、月光石等较多采用这类琢型。双凸弧面琢型中有一种扁平双凸弧面琢型，这种琢型顶面和底面凸起高度一样，欧珀常使用这种琢型，如图 1-9 所示。中空弧面琢型是用得较少的一种弧面琢型，这种琢型顶面为弧形，底面深凹，如图 1-10 所示，主要是为了增加宝石的透明度，例如翡翠中有时会采用这种琢型。另一个用得较少的是顶凹弧面琢型，这种琢型的弧形顶部有一个下凹面，如图 1-11 所示，一般用于宝石的拼合，可以在顶部的凹面再镶嵌一颗宝石。

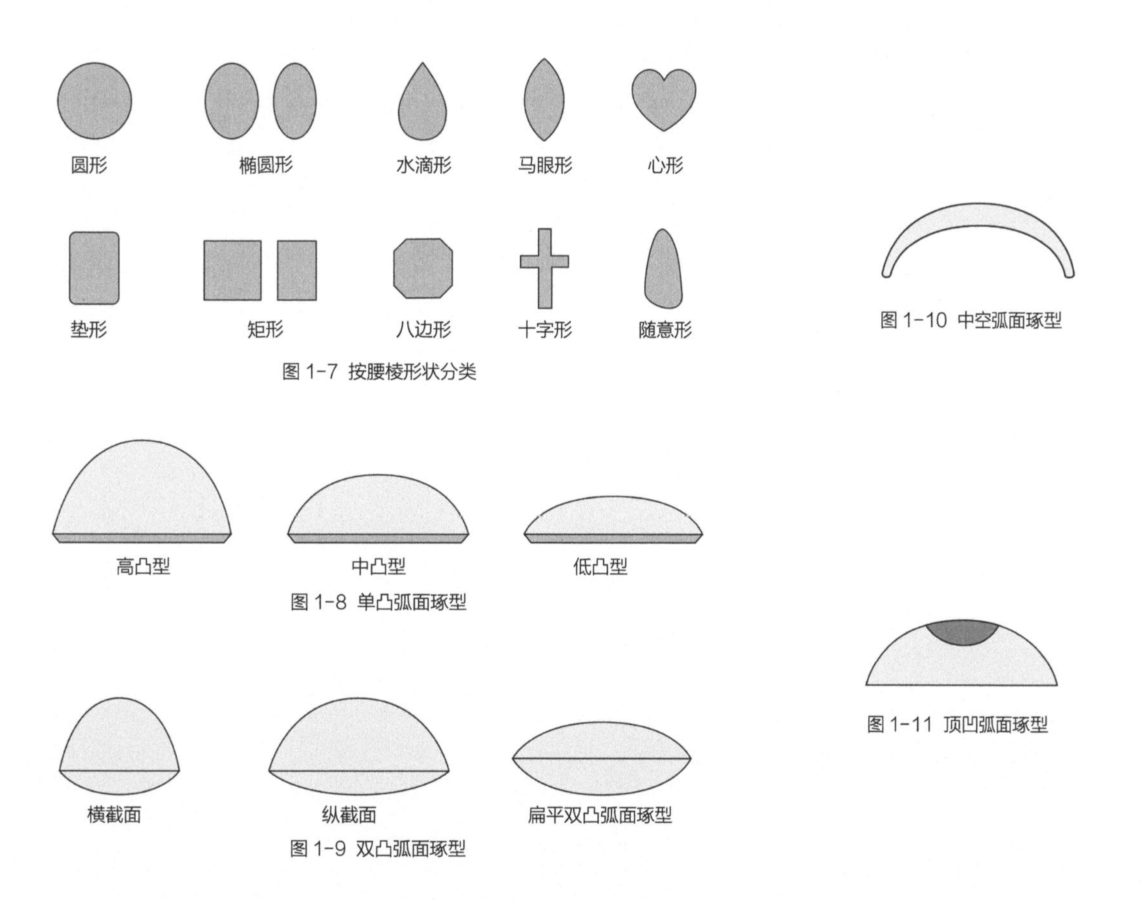

图 1-7 按腰棱形状分类

图 1-10 中空弧面琢型

图 1-8 单凸弧面琢型

图 1-11 顶凹弧面琢型

图 1-9 双凸弧面琢型

圆形刻面琢型

圆形刻面琢型是最常见的宝石琢型，也可称为标准圆钻型。圆形刻面琢型包括冠部、腰部、亭部三个部分，分为 58 个刻面。冠部有 33 个刻面，中心面积最大的刻面称为台面，台面以下有 8 个星面，8 个冠主面和 16 个上腰面。冠部以下，亭部以上称为腰部，腰部有一定厚度，有一个圆形的弧面围合。腰部以下称为亭部，由 24 个刻面组成，包括 16 个下腰面和 8 个亭主面。当宝石体量较大时，为了避免底尖被撞伤破损，故在底尖部再切割一个八边形的小面，这时个体的刻面数就达到了 58 个。圆形刻面琢型各部分名称如图 1-12 所示。

在钻石品质的评判标准中，钻石切割的标准程度，影响钻石的美观和光线在钻石内部的折射。什么样的钻石切割才是最理想的呢？其实关于圆钻型的标准，在国际上较为认可的有五种类型，分别是美国理想型、艾普洛琢型、国际钻石委员会琢型、斯堪的纳维亚琢型和八心八箭琢型。关于这些琢型的细节，此书不做一一介绍，但是关于标准圆钻型人们早已探索出一套比例数据来指导钻石切割。以腰棱直径作为 100% 比例参照，台面宽比例为 56%~66%，冠角为 31° ~37° ，冠高比例为 11%~15%，亭角为 39° 40′ ~42° 10′ ，亭深比例为 41%~45%。其中，冠角、亭角和亭深的切割比例，直接影响钻石的美观，如图 1-12 所示。

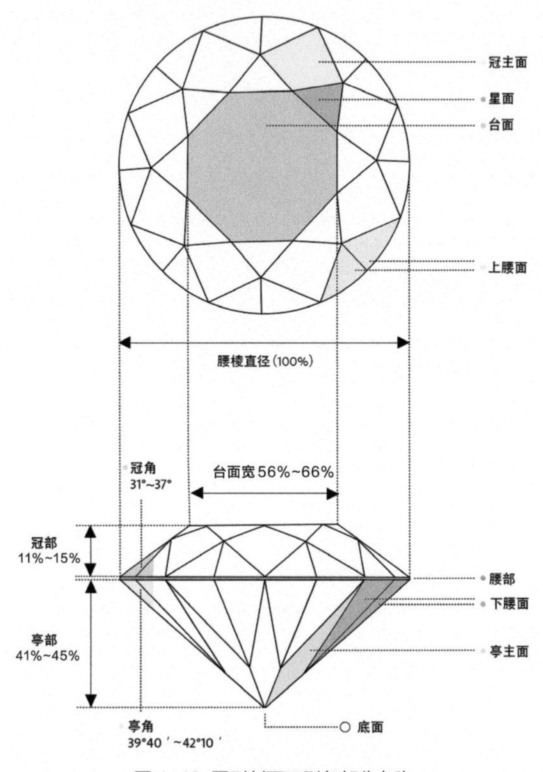

图 1-12 圆形刻面琢型各部分名称

圆形刻面琢型的变形

在钻石和彩色宝石的琢型中，椭圆形琢型、橄榄形琢型、心形琢型、梨形琢型等都是圆形刻面琢型的变形，其对称性根据腰部形状的变化而改变，标准圆钻型是八次对称，椭圆形和橄榄形是两次对称，心形、梨形是一次对称，对称的次数越少，刻面的变化越多。相对来说看似变化大的形状琢型的工艺成本更高，但是圆钻对钻石材料本身的要求更高，因此大多数情况下同等级别的克重、净度、颜色、切工的钻石，圆形的价格会高于心形等形状。椭圆形、水滴形、橄榄形（马眼形）刻面宝石琢型如图 1-13 至图 1-15 所示。

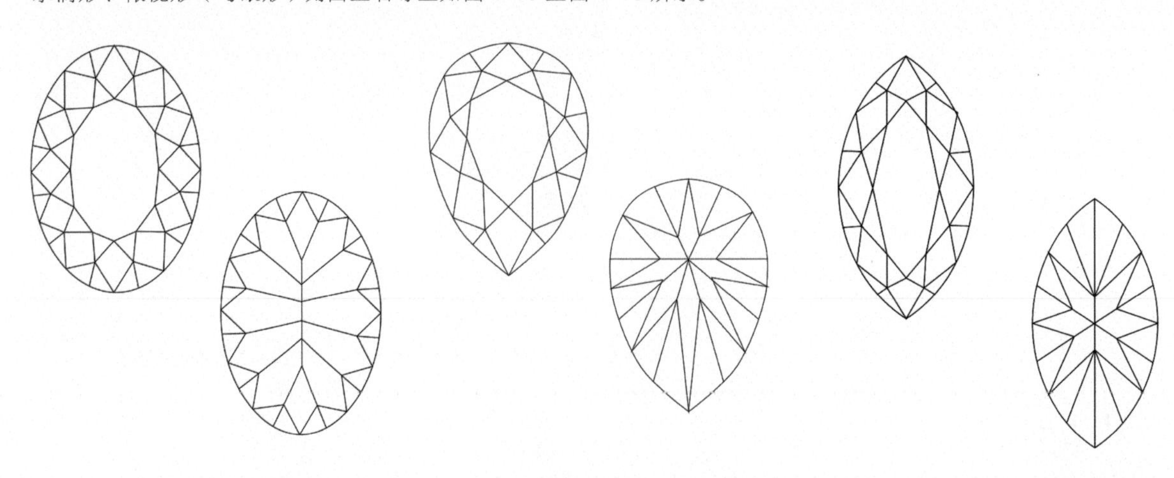

图 1-13 椭圆形刻面宝石琢型　　图 1-14 水滴形刻面宝石琢型　　图 1-15 橄榄形（马眼形）刻面宝石琢型

阶梯琢型

阶梯琢型也称条形或者方形琢型，是一种常见的宝石琢型，最有代表性的应用就是在祖母绿中的应用。因为阶梯琢型原本就是为了更好地切割裂隙多、脆性大的祖母绿而产生的，因此阶梯琢型很多时候也被称为祖母绿琢型，如图 1-16 所示。阶梯琢型的形状一般是长方形、正方形、六边形、八边形、梯形、盾形等。从台面向下看，宝石的轮廓是由一系列与腰平行的刻面围绕排列而成的，所以也被形象地称为“陷阱琢型”。阶梯琢型的特点是有平直的平行反光面，台面较大，冠部浅，亭部深，对比例、角度的要求不像圆形刻面琢型那么严格。阶梯琢型有利于突出有色宝石的颜色饱和度，相对其他琢型质量损失较小。

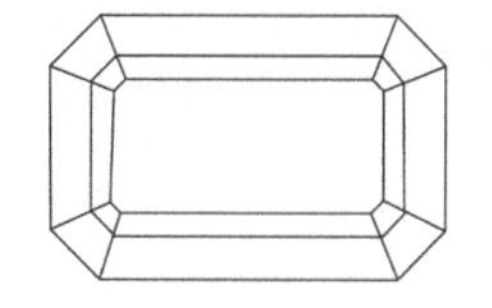
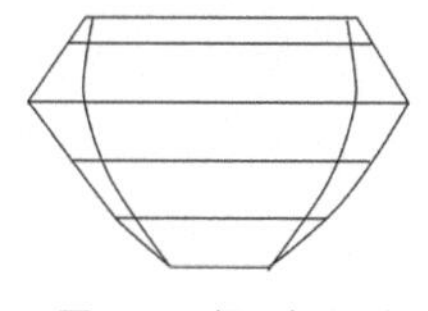
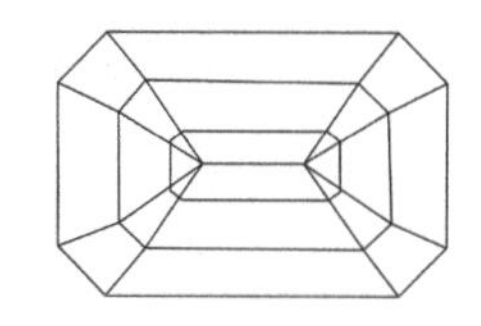

图 1-16 祖母绿琢型

宝石镶嵌的工具与设备

宝石镶嵌的工具与设备大体可以分为镶嵌工作台和镶嵌常用工具设备与耗材两大类。工具设备包括切割工具、测量与标记工具、固定工具、放大工具、镶嵌工具、执模工具，以及一些处理金属表面的化学试剂。这些工具设备相互配合才得以完成宝石的镶嵌。镶嵌工具大部分与金属工艺的工具相通，固定工具和镶嵌工具中有一部分为镶嵌专用工具。下面我们对这些工具与设备的功能进行分类介绍。

◆ 镶嵌工作台

镶嵌工作台与基础的首饰工作台略有差别，原因是镶嵌中，尤其是起钉镶、微镶所需要的人与工作台的高度关系不同。在座位高度不变的情况下，镶嵌所需的人手与台面的高度要比金工锉磨所需人手与台面的高度低约 15cm，如图 1-17 所示。为了满足镶嵌的需要，一般会在首饰工作台台面下约 15cm 处多设置一个用于镶嵌的台面，如图 1-18 所示；如果没有，可以配备一个可升降旋转凳来放置镶石座，根据实际操作的需要调节高度，如图 1-19 所示。另外，起钉镶和微镶还需要在工作台上配备显微镜以适应更多尺寸的宝石镶嵌工作需要。

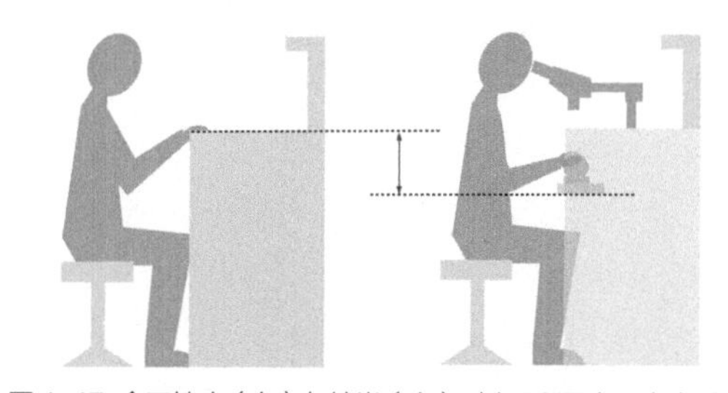

图 1-17 金工锉磨（左）与镶嵌（右）时人手所需台面高度对比

图 1-18 镶嵌工作台

图 1-19 可升降旋转凳

大多数首饰工作台能够满足镶嵌的制作要求。例如包镶、爪镶等对台面高度一般没有过多要求，除此之外与金属工艺有同等要求的是台面中间位置有一个 40~50cm 宽的圆弧凹槽，固定在台面弧线凹槽中的台木也是非常重要的一部分，这个小木块的存在对首饰制作过程中锯、锉、雕蜡等环节都起到很大的辅助作用；同时，还要求凹槽下面有皮袋或抽屉承接制作中产生的金属粉末、碎屑等。

工作台上的常用设备中，首先吊机是首饰工作台上最不可缺少的设备，吊机通过高速旋转带动不同形状、型号的针头和磨头实现手工无法达到的效果；其次台灯是必不可少的，镶嵌是较为精细的加工，照明很重要；镶嵌以及首饰加工经常要用到火来焊接、退火等，火枪的设置可以根据情况安排，条件允许的情况下可以在工作室中设置专门的加热区域，也可以配备在工作台左手边，与吊机分置工作台两侧；除此之外还有很多加工过程中所需的显微镜、收纳支架等。这些设备使操作过程既有序又方便。

◆ 镶嵌常用工具设备与耗材

切割工具

切割工具主要指金属片、金属丝等切割所需的工具。镶嵌以及首饰加工中最常用的切割工具有金属锯弓、金属剪、剪钳、金属剪板机，如图 1-20 至图 1-23 所示。金属锯弓配合金属锯丝，能够最大限度地保证金属切割面以外部分金属的完整，相对其他切割工具不易使金属变形；金属剪和剪钳一般针对较厚的金属，剪钳能产生的力度比金属剪更大。金属剪板机属于手动设备，通过杠杆原理，能够轻松完成较大面积金属板的直线切割，并且切线整齐。金属剪、剪钳、金属剪板机切割效率高，但使用中都极易使金属变形，所以金属剪板机一般用于大块金属板材的切割，而金属锯弓在镶嵌中应用率更高。

图 1-20 金属锯弓

图 1-21 金属剪

图 1-22 剪钳

图 1-23 金属剪板机

测量与标记工具

测量工具，顾名思义是用来测量尺寸的工具。镶嵌及金属加工中所用的测量工具比较精密，因为在镶嵌中对宝石尺寸的测量常需要精确到小数点后两位。常用的测量工具有游标卡尺、内卡尺、角度尺、钢尺等，如图 1-24 至图 1-27 所示。游标卡尺和内卡尺使用最广泛。游标卡尺可测量外径也可测量内径，有电子的和手动的两种，电子游标卡尺能够更加轻松地测量并将测量结果精确到小数点后两位，在镶嵌中使用率很高；内卡尺测量一般不必太精确，主要是用来测量厚度，多用在雕蜡过程中测量掏空后立体块外壁的厚度；角度尺只有在涉及角度问题时才需要使用；钢尺是常规辅助测量工具。

图 1-24 游标卡尺

镶嵌中常用的标记方式是使用油性笔标记或用分规尖部刻画标记。分规标记的使用较为普遍，好处是可以利用分规的两脚确定好一个尺寸后，其两脚间的距离是固定的，方便同一尺寸在多处进行刻画标记，如图 1-28 所示。例如，爪镶中几个爪开槽的位置高度是一样的，可以用分规确定尺寸后对每一个金属爪都进行同一尺寸的高度标记。

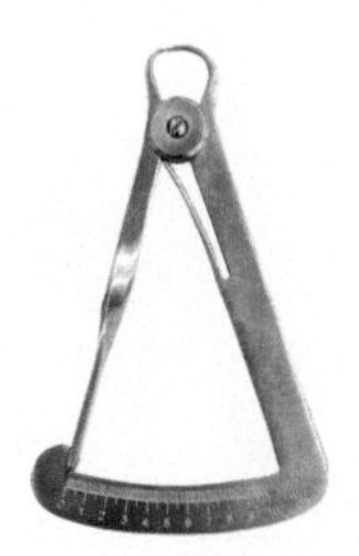
图 1-25 内卡尺

图 1-26 角度尺

图 1-27 钢尺

图 1-28 分规

固定工具

镶嵌过程中用来固定金属的工具是很重要的，只有金属稳定，才能更好地操作镶嵌过程。常用的固定工具有万向镶石座、戒指球镶石座、火漆球，戒指木夹、双头锁嘴等，以及台钳、焊接夹等辅助性固定工具，如图 1-29 至图 1-34 所示。最常用的是万向镶石座、火漆球和戒指球镶石座。万向镶石座是通过夹力固定的，适用于戒指、平面等的镶嵌；火漆球是通过火漆融化后将金属黏合，火漆冷却后变硬，挤压金属从而将镶口固定的，适用于较多形状的镶嵌；戒指球镶石座主要适用于戒指的镶嵌；戒指木夹一般用来夹住戒指或一些小配件，该工具多在配合执模过程使用，可以解放一只手来锉、锯、镶嵌等；双头锁嘴的功能类似于吊机，也是头部可以固定细的针头或刀头，用于手动划切或辅助等的工具。还有一些辅助性固定工具。台钳的功能类似于万向镶石座，但一般不直接用于镶嵌，而是配合制作铲刀、金属弯折等；焊接夹是焊接过程中用于固定要焊接的金属件的工具。

图 1-29 万向镶石座

图 1-30 戒指球镶石座

图 1-31 火漆球

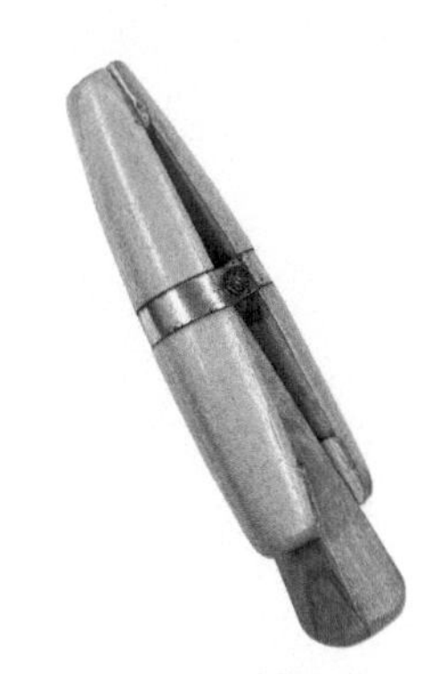
图 1-32 戒指木夹

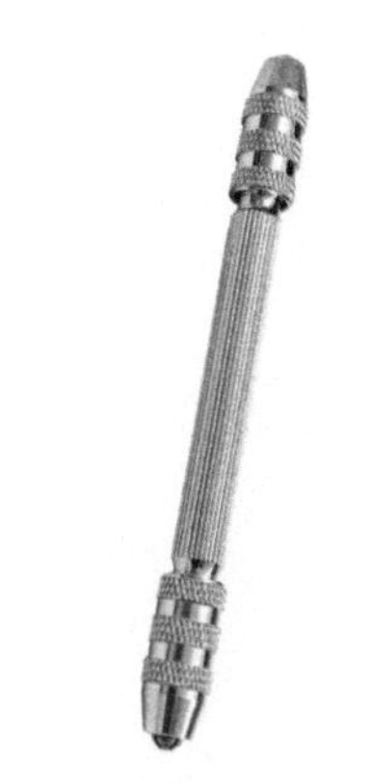
图 1-33 双头锁嘴

图 1-34 台钳

放大工具

在镶嵌中，刻面宝石运用小克拉宝石的情况比运用大克拉宝石的情况多得多，很多时候需要小颗宝石大面积地出现来衬托主宝石或制造光芒璀璨的效果，尤其是微镶和起钉镶，想要做到标准和精致，单靠肉眼是做不到的。镶嵌中主要的放大工具就是微镶显微镜。显微镜也是现代镶嵌中最常用的放大仪器，在首饰工厂的镶嵌流程中是必不可少的，使用者可以根据实际的情况调节放大倍数、焦距，以及瞳孔距离等。微镶显微镜如图 1-35 所示。

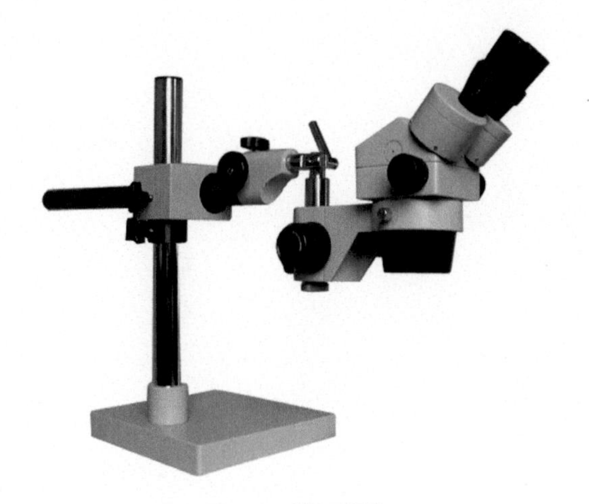

图 1-35 微镶显微镜

镶嵌工具

镶嵌中有许多小型工具，有些与金属工艺制作相同，例如钳子、锉刀、锤子、錾子、推刀等。有些则是镶嵌的专门工具，例如飞碟、吸珠等针具和起钉镶、微镶使用的铲刀等。

钳子

钳子是镶嵌过程中的常用工具，常用的钳子有平口钳、尖嘴钳、弯嘴钳、剪钳等。钳子在镶嵌过程中用于夹紧镶石爪、弯折形状等，使用较为方便和灵活，可根据实际过程的需要选择不同的钳型。镶嵌中常用的钳子如图 1-36 所示。

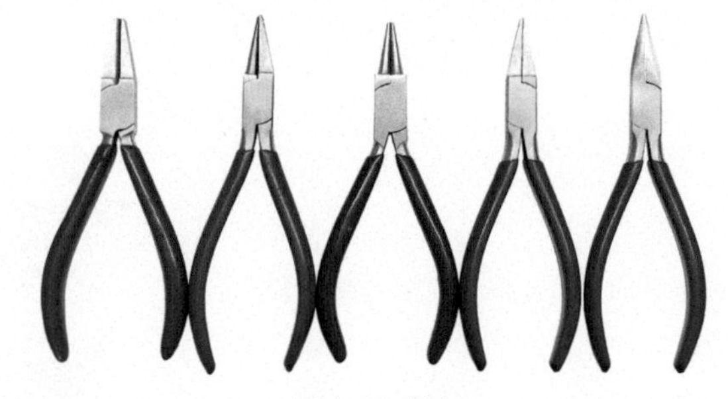

图 1-36 钳子

錾子与推刀

錾子与金工锤在镶嵌过程中需配合使用，錾子一般用于打磨平面，多在包镶、轨道镶等需要压边的镶嵌工艺中使用。例如用平头錾子顶在包镶的包边边缘，用金工锤轻轻敲击錾子，均匀施力进行固定。推刀是不借助金工锤，靠手的力量来挤压金属边的工具，常用的有平推刀和槽推刀两种。平推刀一般用在较薄的金属包边中，槽推刀则多用在爪镶中。如图 1-37 和图 1-38 所示。

图 1-37 金工锤

图 1-38 錾子和推刀

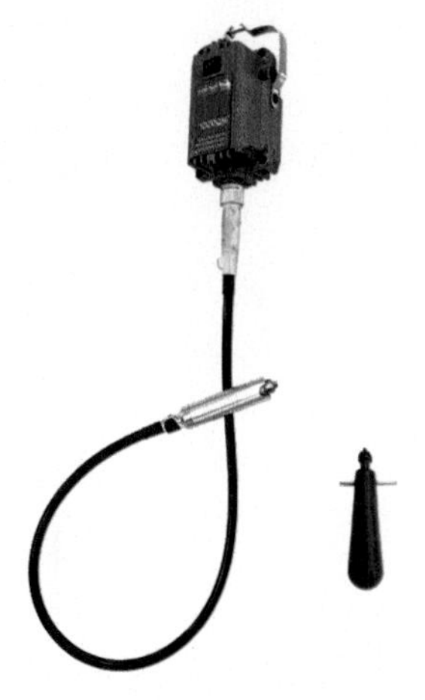

图 1-39 吊机及吊机钥匙

吊机与针具

吊机是在首饰加工过程中必不可少的设备，它使用便捷，能够配合各种形状的针头和打磨头，通过高速旋转来打磨金属。镶嵌中的开石位、执模等环节都需要用到吊机。吊机及吊机钥匙如图 1-39 所示。镶嵌过程中用到的针具主要有球针、桃针、钻石针、飞碟、轮针、吸珠、钻头等，如图 1-40 所示。

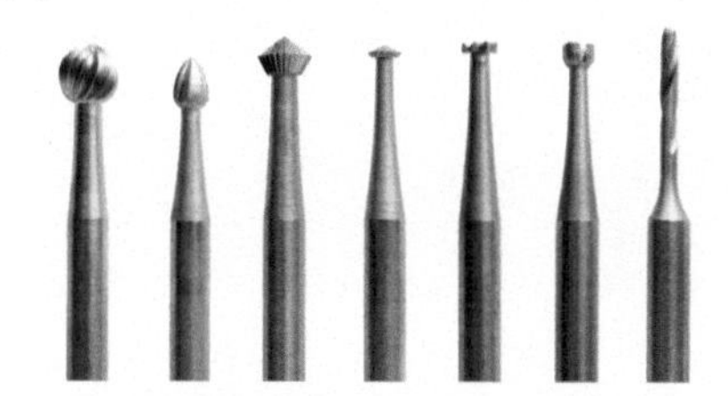

图 1-40 针具（球针、桃针、钻石针、飞碟、轮针、吸珠、钻头）

铲刀

铲刀是镶嵌的专门工具，起钉镶主要就是借助铲刀来完成的，其他镶嵌工艺也经常要借助铲刀将边缘铲整齐。铲刀需要使用者自己磨形，铲刀刀头形状主要有弧形、尖角形、平头等。不同的铲刀刀头形状用途不同，有的用来起钉，有的用来铲边，有的用来铲线。铲刀样式如图 1-41 所示，铲刀刀头形状如图 1-42 所示。

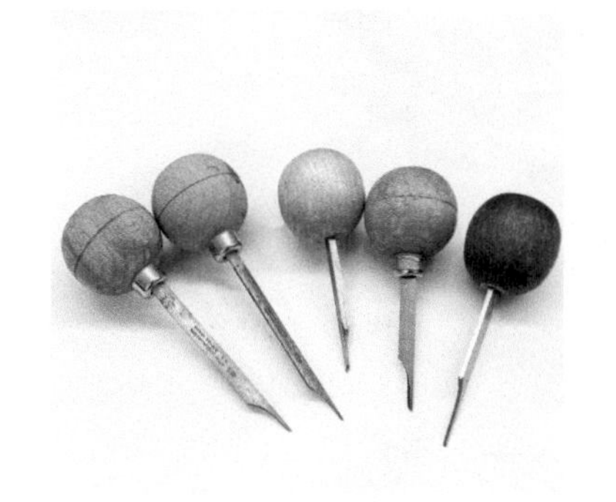

图 1-41 铲刀样式

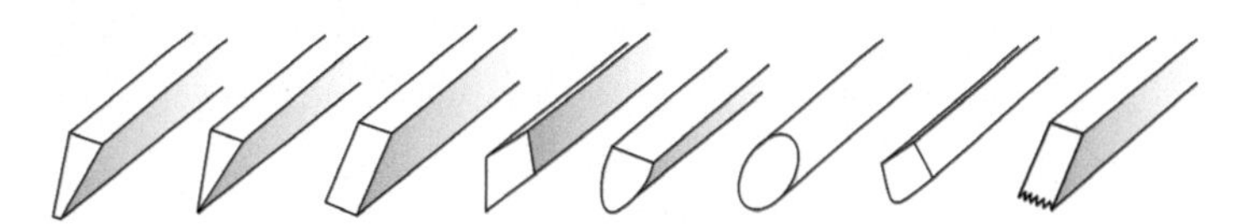

图 1-42 铲刀刀头形状

执模工具

执模是金属处理的后期流程，从整形、修补砂眼到表面处理，最终使金属呈现标准和美观的状态。镶嵌后的金属不能再动火，因此金属有砂眼要在镶嵌前处理。执模过程中主要会用到两大类工具，一类是用于修整整体形态的锉刀、钳子、针具等（钳子和针具的介绍参考上文），另一类是打磨抛光过程中使用的砂纸卷、抛光轮等。

锉刀

锉刀的形状和型号丰富多样，每种形状的尺寸有大小之分和粗细之分，根据具体需要选择。用于打磨平面常用的锉刀形状有竹叶形锉、平锉等，用于打磨棱角内弧线位置的锉刀形状有方形锉、三角形锉、圆形锉等。锉刀如图 1-43 所示。

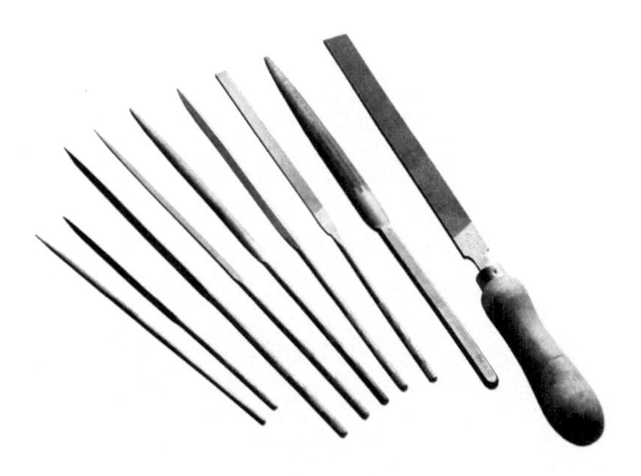

图 1-43 锉刀

抛光工具

在执模中用锉刀、钳子、针具完成第一道工序后，接下来的精细打磨就得依靠吊机带动砂纸卷、橡胶轮、抛光轮等进行抛光。砂纸卷的使用方式有两种：一种是将长条形的砂纸卷在一个针棒上，用胶带在底部固定，这一类砂纸卷现在已有成品售卖；另一种是根据需要在工艺人手中灵活变化，例如常见的将砂纸片用强力胶粘在针棒一端的平面上，成 90°，再通过车床原理用吊机带动砂纸片，用针头或刀片在旋转中切割出圆形砂纸片，用于打磨细缝。可以直接购买到各种形状的橡胶轮，当然也可根据需要进行修改。此外还有配合抛光蜡使用的抛光轮，有吊机使用的和台式抛光机使用的两种，台式抛光机抛光效率更高，在工厂中普遍使用。砂纸卷、各式打磨轮、抛光蜡分别如图 1-44 至图 1-46 所示。

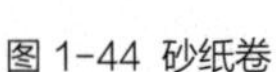

图 1-44 砂纸卷

图 1-45 各式打磨轮

图 1-46 抛光蜡

玛瑙刀是纯金、纯银常用的表面抛光工具，纯金的光面如果用常规方式打磨则损耗过大，因此应用传统方式打磨，即用玛瑙刀刮亮，传统纯银饰品或工艺品中也用这种处理方法。此外玛瑙刀还可以作为宝石镶嵌的工具在纯金、纯银镶嵌的环节用来按压金属边缘。玛瑙刀如图 1-47 所示。

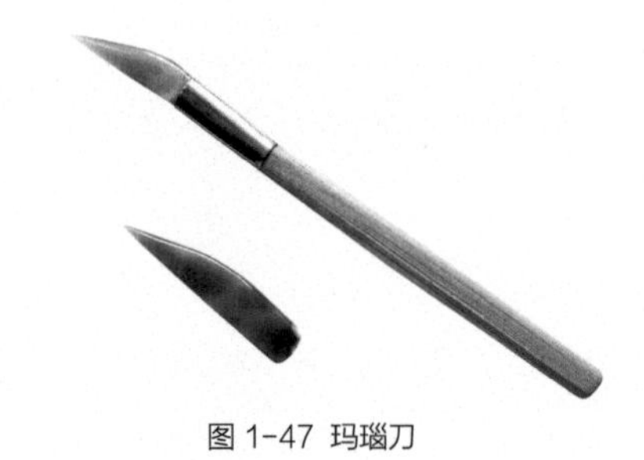

图 1-47 玛瑙刀

化学试剂

金属表面清理化学试剂（稀硫酸、柠檬酸、白矾、香蕉水）

在金属焊接或退火过程中会产生难以去除的杂质、氧化层，或油性表面，这个时候使用对杂质和氧化层有腐蚀作用的酸性液体浸泡使其腐蚀退化是金、银、铜表面清理的常用方式。稀硫酸去除杂质的效果最佳，但有一定危险性，所以很多时候用柠檬酸代替，其使用更加安全。白矾的作用与稀硫酸和柠檬酸类似，也是为了使金属表面干净，但使用过程需要加热，稀硫酸和柠檬酸只需浸泡金属。白矾如图 1-48 所示。

香蕉水又名天那水，是镶嵌中用于去火漆的化学试剂。香蕉水主要成分是甲苯、醋酸丁酯、环己酮、醋酸异戊酯、乙二醇乙醚醋酸酯，是工业喷漆、涂料等的稀释剂。在镶嵌中金属从火漆上退下来后，表面经常会粘连一些火漆，镶嵌后火漆不能用火烧掉，也不能用硬物刮掉，这时可以用香蕉水浸泡去除火漆。需要注意的是香蕉水是易燃液体，所以使用时要注意环境通风，储存时要远离火源。

图 1-48 白矾

金属润滑剂

在各种钢材质的针头使用过程中，针头高速旋转打磨金银等金属时，损伤是很大的，时间长也会生锈，所以使用润滑剂保护针头是很有必要的。保护针头可使用专门的针头锯条润滑蜡，也可以用日常的机油代替。工具润滑蜡如图 1-49 所示。

图 1-49 工具润滑蜡

首饰设计中宝石镶嵌的审美价值

◆ 色彩

在视觉可及的方方面面，我们无法否认色彩的力量，不同的颜色带给人不同的心理感受，红色让人产生崇敬，同时让人产生对装饰的欲望；草原的绿色给人希望；夜晚的黑色使人恐惧。宝石的世界是一个色彩的王国，人们掌握了镶嵌技术，也就掌握了首饰的色彩运用。首饰的发展史中，金属一直是主导材料，但金属材料的色彩是极其有限的，表面的处理带来的只是光感和肌理感的差别，没有办法媲美色彩带来的强烈视觉刺激。在远古的宝石镶嵌中，无论是东方还是西方，人们在掌握宝石刻面琢型技术之前，都大量使用弧面宝石或将宝石打磨成珠子，这个时候人们更愿意选择绿松石、红珊瑚等色彩饱和度高的宝石，这些宝石虽然在我们今天看来并不名贵，但说明了人们对镶嵌最初始的目的就是佩戴色彩，如图 1-50 所示。

宝石琢型技术的发展使得镶嵌宝石成为首饰设计的普遍手段，多样的宝石种类和色彩被挖掘，带来了丰富的首饰效果。如图 1-51 所示，这枚 19 世纪晚期产于欧洲的胸针，心形弧面琢型的欧泊焕发着魔幻的色彩，与包裹其外的钻石、石榴石色彩相互呼应，光感形成反差。在当代珠宝设计中，更是有很多能够游刃有余地运用宝石色彩的设计案例，例如赵心绮就是一位将镶嵌工艺与宝石色彩运用得非常出色的珠宝艺术家，她的珠宝作品中，各色宝石在看似随意的排列中包含了丰富的色彩关系，宝石犹如在调色盘中相互调和的颜料，灵动而自如，这便是宝石色彩的力量，也是在镶嵌工艺中需要探寻和学习的审美价值。

图 1-50 藏族头饰

图 1-51 心形胸针（V&A 博物馆收藏）

◆ 光感

人类对光有天然的崇敬和向往，光能够使人心情愉悦、充满希望，光也能够从视觉上带来放大和引人注意的效果。黄金能够被人们喜爱正是因为其有如同太阳一样金灿灿的光芒，但是在人类历史上很长一段时间内能带来光感的恐怕只有太阳和火。人们逐渐掌握了打磨的技术，用来串成项链的石砾表面被处理得很光滑，这种光滑感足以让人们感觉到“美”的光芒。在今天我们的生活并不缺少光，电灯可以照亮黑暗，精美琢型的钻石折射的光芒远远超过了光滑的石砾。说到光感，不得不提的就是宝石琢型技术带来的宝石的新生。在漫长的人类发展史中，宝石作为装点之物很早就被人类意识到并应用，但由于切磨技术的局限，很多透明和半透明的宝石没能在历史舞台中焕发光彩。

宝石琢型技术的新突破开始于坚硬的钻石切割的发展。钻石在欧洲历史上主要供皇室贵族使用，甚至在很长一段时间只能供男性使用，直到 1477 年奥地利大公马克西米利安一世在与法国勃艮第的玛丽公主订婚时，赠送了用钻石做成的戒指，钻石才开始在首饰中成为爱情的象征。钻石商想要钻石代表坚贞爱情的美好想象变为成功的商业运作，这需要钻石本身除了坚硬和稀少以外更具魅力，于是通过切割提升钻石的光彩，使其成为钻石价值评判的重要标准之一。对于钻石琢型，到 18 世纪才形成了我们今天使用的 58 面的琢型标准，至于钻石在经过刻面琢型后的光感与未经刻面琢型的差别有多大，我们通过对比约 15 世纪的尖琢型钻石戒指和 19 世纪中期的圆形刻面琢型的钻石戒指来感受一下，如图 1-52 和图 1-53 所示。

钻石的切割方式被用在同样具有透明度并且色彩丰富的红宝石、蓝宝石等其他彩色宝石中，1840 年设计的英国维多利亚女王蓝宝石钻石王冠就是一个典型的代表，如图 1-54 所示。宝石琢型技术的发展，使得越来越多的彩色宝石焕发光彩，漂亮的琢型使人们看到了弧面琢型无法展现的色彩的同时，更看到了能够使整个首饰熠熠生辉的光芒。

图 1-52 约 15 世纪的尖琢型钻石戒指

图 1-53 19 世纪中期圆形刻面琢型钻石戒指（V&A 博物馆收藏）

图 1-54 英国维多利亚女王的蓝宝石钻石王冠

◆ 丰富了首饰设计的感知

其实镶嵌本身，并没有局限在钻石、彩色宝石等传统材料。在首饰设计的过程中，镶嵌除了可以固定另一种材料，它更是一种能够给首饰设计带来层次感的手段。因此在今天理解镶嵌的审美价值的时候，我们早已不局限于色彩和光感，镶嵌的材料可以是任何事物。镶嵌本身的意义在当代的首饰中被放大，它可以不是材料之间的关系，可以成为一种效果、一种行为，甚至一种隐喻。例如在杰克·康宁翰（Jack Cunningham）的首饰作品中，他将收集的个人物品拼接成一件首饰作品，这种拼接从制作的角度也可以理解为镶嵌，如图 1-55 和图 1-56 所示。镶嵌的对象可以是任何事物，并用这些事物叙述着个人经历和情感。德国首饰艺术家贝蒂娜·斯佩克纳（Bettina Speckner）在首饰中大量将锡版摄影作为素材，这些照片成为首饰镶嵌的主体，在一些作品中她会在照片之上配合一些宝石镶嵌，这种搭配往往是无缘由的，却给人一种怀旧感，这就是丰富的材料的力量，也是镶嵌更深沉的价值，其作品如图 1-57 和图 1-58 所示。

关于本部分的内容在最后一章的创意镶嵌中还会有由表及里的拓展，对于初学者将更有启发意义。在本部分希望以抛砖引玉的方式为宝石镶嵌的学习者提供思考的路径，让后面的工艺学习能够充满不同的可能性，更加有效地服务于设计。

图 1-55 Jack Cunningham 艺术首饰作品——胸针（一）

图 1-56 Jack Cunningham 艺术首饰作品——胸针（二）

图 1-57 Bettina Speckner 艺术首饰作品——胸针（一）

图 1-58 Bettina Speckner 艺术首饰作品——胸针（二）

第2章

包镶

CHAPTER 02

从制作的角度来讲，包镶的工艺难度相对较低，对于初学者来说更易于掌握，可以作为镶嵌的入门学习内容。同时包镶又具有很强的材料的包容性，可以适应弧面宝石、刻面宝石，以及多数综合材料的镶嵌，是应用性很强的一种镶嵌方式。

包镶概述

包镶是指通过挤压包在宝石周围的金属边，使其从宝石腰部将宝石固定起来的镶嵌方式。它的镶口结构由底面和立在底面上的金属包边两部分组成，这种镶嵌方式无论在传统还是在现代的镶嵌饰品中，都是使用最广泛的镶嵌宝石的方式之一，尤其是弧面宝石的镶嵌。它应用的广泛性在于它的灵活性和极大的包容性，大部分形状和综合材料的宝石都可以选择用包镶的方式固定。由于它的固定性强，因此对金属的适应性也强，硬度低的纯金、纯银都可以用包镶的方式镶嵌宝石。包镶嵌饰品如图 2-1 所示。

与其他镶嵌方式相比，包镶在视觉上给人一种简单的感觉，由于四周都有金属边挤压，所以稳固性更强。宝石包镶虽然适合大多数宝石，但不适合尺寸太小的宝石。单颗宝石的包镶，多用于较大尺寸的弧面宝石。弧面宝石的戒指面，也有和其他镶嵌方式或工艺相配合来表现的。例如包镶宝石作为花丝中的点缀，如图 2-2 所示。

图 2-1 包镶嵌饰品

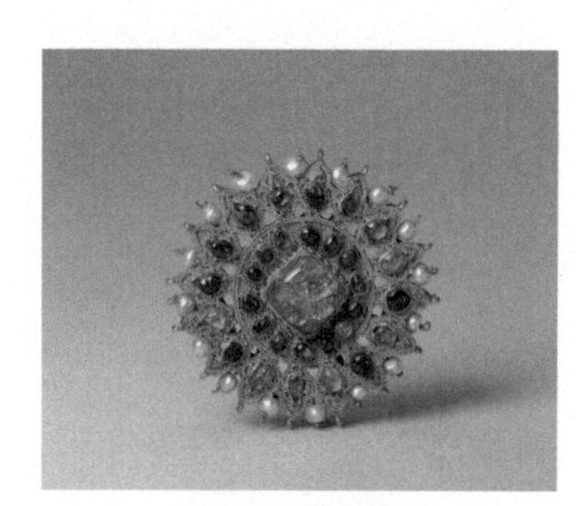

图 2-2 花丝镶嵌

包镶的制作方法

用于包镶的宝石以颗粒较大的弧面宝石和刻面宝石为主，其中弧面宝石居多。包镶的分类，首先从镶嵌对象的角度，分为常见的弧面宝石的包镶和刻面宝石的包镶两大类，宝石琢型的差别使包镶在结构和操作上有一定差异，因此将分开介绍两类宝石包镶的制作。还有一些包镶方式是针对特殊的宝石形状或一些特殊的应用的，下文也将对这些特殊的包镶方式选取较有代表性的案例进行归纳总结，并讲解制作中的要点和难点。

◆ 弧面宝石包镶的制作方法

弧面宝石中圆形、椭圆形是最基本的宝石形状，其次还有带有尖角的水滴形、矩形、心形等。对于刻面宝石的包镶，由于其底面与弧面宝石不同，是有锥角、有坡度的，因此在包镶时镶石位的处理也会有所不同。下面以椭圆形弧面宝石和水滴形弧面宝石的包镶作为主要案例进行制作步骤的介绍，对其他形状的弧面宝石包镶方法做要点解析。如图 2-3 和图 2-4 所示。

图 2-3 异型弧面宝石包镶手镯

图 2-4 多宝石包镶戒指（V&A 博物馆收藏）

椭圆形弧面宝石包镶制作步骤

1. 材料准备

首先要选定宝石，以及合适厚度与尺寸的金属。此案例选用的是 13mm × 18mm 的单弧面琢型的白色透明玻璃进行示范，金属为 925 银，如图 2-5 所示。

2. 确定金属边的厚度和高度

用于包镶的金属边厚度、宽度和长度取决于宝石的尺寸，因此大多数情况下先观察宝石，再根据宝石来确定金属，此处遵循适宜的原则。体量大的宝石用较厚的金属边会显得比较和谐，体量小反之，金属边的厚薄并不绝对，在后期处理上会略有差别。金属边的高度可通过观察宝石侧面有坡度的位置和宝石的比例确定，金属边过高会遮挡宝石面，过低会镶嵌不牢。以上是金属材料准备原则。金属边高度如图 2-6 所示。在此案例中用于包边的金属厚度为 1 mm，高度为 4mm。

图 2-5 宝石与金属材料

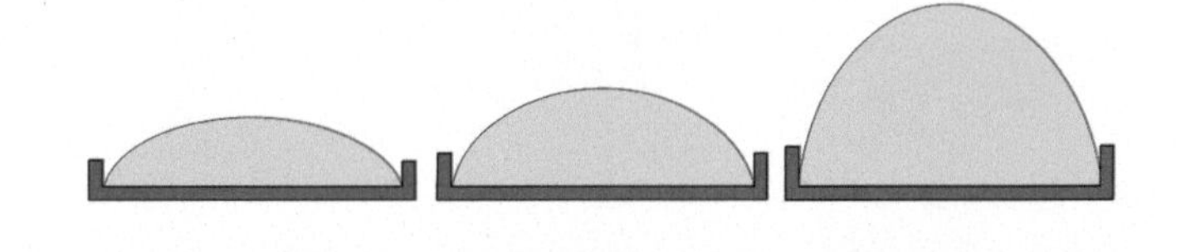

图 2-6 金属边高度

3. 确定金属边的长度

要计算宝石的周长，圆形宝石根据直径即可运算得到大概的周长（周长 = 圆周率 × 直径），但金属所需尺寸应在此基础上加上一定的富余量。由于椭圆形宝石的琢型并不一定是标准的椭圆形，可以裁剪一张纸条在宝石周围围合一周得到直观的长度，如图 2-7 所示。金属边所需尺寸要在宝石周长的基础上加上厚度尺寸 3 倍以上富余量，在此案例中金属边厚度为 1mm，金属边长度应至少加上 3mm。富余量包含 2 倍金属边厚度和锯锉的损耗，以防尺寸不够，所以多留富余量更加保险，如图 2-8 所示。这种方法主要是为了确保金属边长度不小于所需周长，如果有足够长的金属边，则可以省略此环节，直接将金属边围合宝石一周，在合适位置锯断。

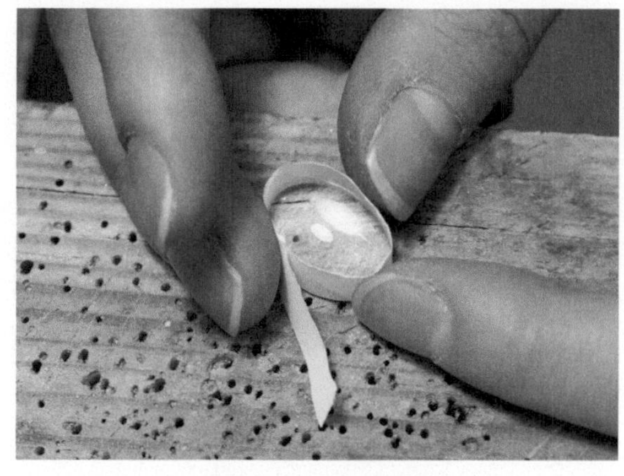

图 2-7 用纸条量宝石周长

图 2-8 确定金属边长度

4. 弯折金属边

金属边退火变软后，将其尽量紧密地围合宝石一周，以确定最终的金属边长度，如图 2-9 所示。

5. 裁切金属边

保证金属边紧密围合宝石一周后，用金属锯裁切确定长度的金属边，尽量保证锯口平直，如图 2-10 所示。

图 2-9 弯折金属边

图 2-10 裁切金属边

6. 对紧接口

锯断的金属边接口如果不平直，要先用锉刀修整，待接口平直后用钳子调整将接口对紧，如图 2-11 所示。

图 2-11 对紧接口

7. 焊接接口

确保接口紧密贴合后进行金属边接口的焊接，如图 2-12 所示。

8. 调整金属边形状

焊接后用钳子将金属边形状调整至与宝石形状一致，如图 2-13 所示。

图 2-12 焊接接口

图 2-13 调整金属边形状

9. 试石

将宝石按压入焊接好的金属边内，观察是否有空隙，如果有明显空隙，则需要锯开再缩紧。贴合紧密的金属边在试石过程中，经过宝石边缘对金属的推挤，即可达到所需的形状，基本不需要再次手动调整。试石如图 2-14 所示。

图 2-14 试石

10. 焊接底面

合适的金属边经过试石调整到所需形状后，即可准备焊接金属底面（见图 2-15），所准备底面要能包含整个金属边，焊接好底面后需要对多余部分做裁切。

图 2-15 焊接底面

11. 锯掉外侧多余金属底面

在金属底面焊接好金属边后，锯掉外侧多余的金属底面，如图 2-16 所示。

12. 打磨边缘

锯掉外侧多余金属底面后，边缘用锉刀修平整，如图 2-17 所示。

图 2-16 锯掉外侧多余金属底面

图 2-17 打磨边缘

13. 金属底面镂空

除了锯掉外侧多余金属底面外，内侧也可以进行镂空，但不是必须的，根据具体情况在保证底面支撑力的基础上自行选择。镂空可以减轻质量，降低金属损耗，还可以增加设计感，如果是透明和半透明的宝石还可以透光。内镂空的裁切需要根据镂空的形状在镂空的边缘处先用钻头打孔，再将锯丝伸进孔中锯下金属底面，并打磨平整，如图 2-18 和图 2-19 所示。

图 2-18 镂空底面

图 2-19 修整镂空边缘

14. 金属边的调整

在镶石之前，最后对金属边的高度进行确认，打磨掉多余部分，如图 2-20 所示。对于较厚的金属边可以打磨一个斜面，以减少金属边顶部边缘的厚度，使镶石时金属边更容易受力挤压，如图 2-21 和图 2-22 所示。

图 2-20 金属边高度处理

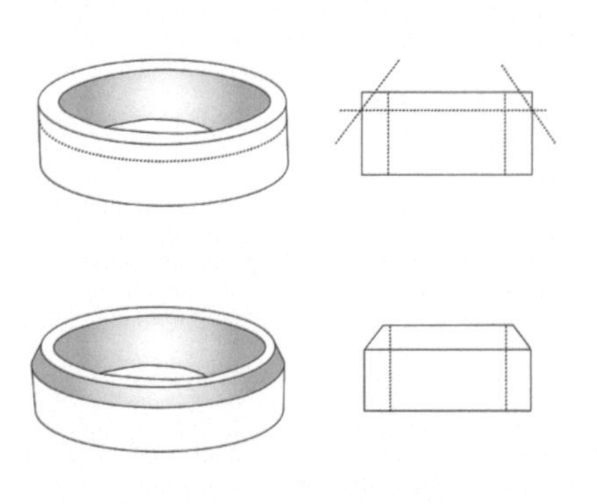

图 2-21 较厚金属边的处理方法

图 2-22 在金属边打磨斜面

15. 焊接金属配件

对于有镶嵌的首饰等装饰品，其项链扣、戒指圈、耳针等金属配件最好在镶石之前焊接好，因为在镶石之前要将所有需要用火的步骤都操作完毕，如果在镶嵌之后想要增加金属配件则只能采用点焊的方式。此案例中的金属配件为耳钩，因此先焊接好平直的金属丝，为不妨碍后续的制作，最后再做耳钩形状的弯折，如图 2-23 所示。

图 2-23 焊接金属配件

16. 固定金属

焊接好金属配件后将杂质酸洗或用白矾处理干净，并将石位内侧打磨平整光滑后，将准备好的金属镶口固定在火漆球或镶石座上，注意火漆不要对金属边有过多遮挡。对于底面不镂空的包镶，可以将金属底面用火烤热后按压在火漆面上；如果是有镂空的底面，则要避免火漆从金属底部镂空处溢入镶口中影响镶石。固定金属的方法是在火漆半冷却、流动性不是特别强的时候将金属放在火漆上，并用镊子等工具推旁边的火漆挤住金属，如图 2-24 所示。

图 2-24 固定金属

17. 下石

固定好金属后将宝石平整地放入镶口中，可以用木槌等工具在宝石顶面轻轻按压，保证其完全坐入镶口。下石过程中要从侧面观察宝石是否水平坐入镶口，以免出现下石不平，导致宝石在镶口中偏斜的情况。下石如图 2-25 所示。

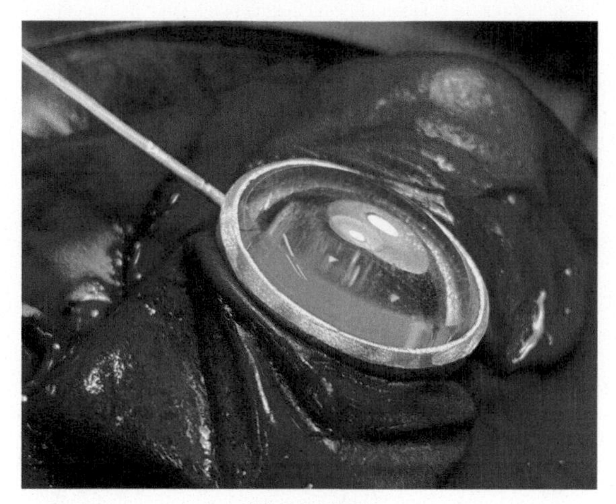

图 2-25 下石

18. 镶石——点状固定

镶石中，对于较厚的金属边，要使用錾子配合锤子挤压金属；对于较薄的金属边，可以使用长方形平头錾子挤压金属。但无论用哪种方式，步骤是一致的。首先要在椭圆形上找关于中轴对称的点两两固定，固定点的步骤如图 2-26 至图 2-29 所示。

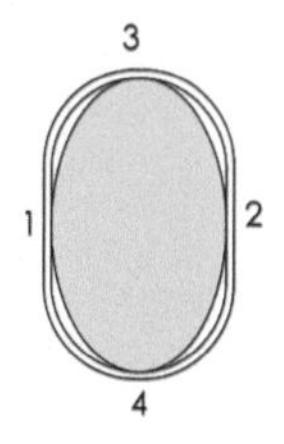

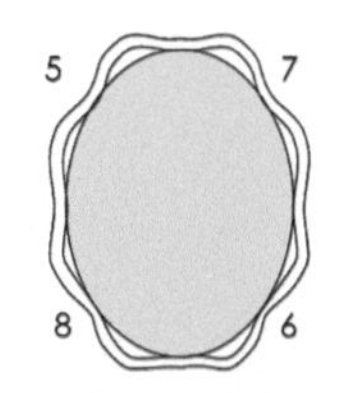

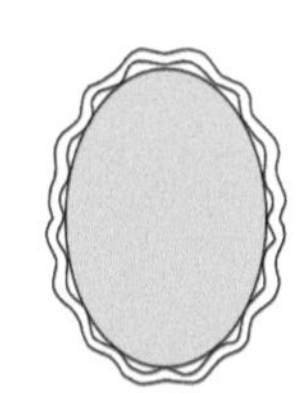

图 2-26 点状固定顺序

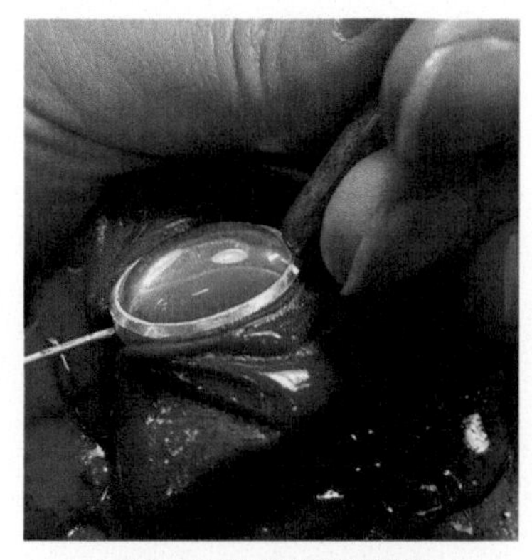

图 2-27 平头錾子使用姿势

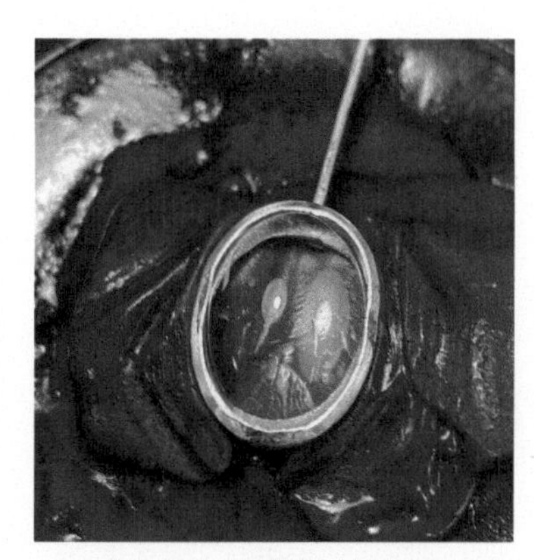

图 2-28 对称点固定（四个点）

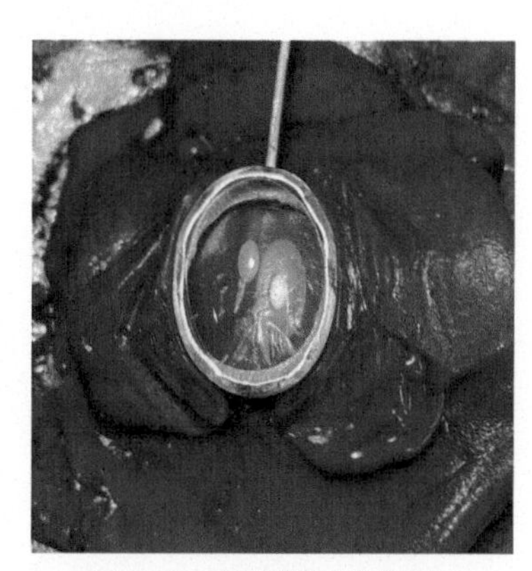

图 2-29 对称点固定（八个点）

19. 镶石——循环压边

点状固定后，再环绕式地挤压金属，这个时候在锤子和錾子的配合中，扶錾子的手不需要有向下的力，只需要灵活地在金属边滑动，锤子保持持续敲击的状态，环绕挤压金属不宜一次用力过猛，可多次反复，直至宝石镶嵌稳固，如图 2-30 所示。

图 2-30 循环压边

20. 执模——修边

宝石镶嵌稳固后，金属边会有不同程度的不平整，这个时候就需要借助锉刀或铲刀将金属边修平整。金属边的平整对包镶的美观是有决定性影响的，因此金属边的平面和折角都要处理得干净利落、宽窄均匀。使用锉刀修边时注意不要刮伤宝石，尤其是硬度低的宝石。使用铲刀修金属边内侧时注意铲刀要与宝石的边缘相切，不然也会刮伤宝石。修边如图 2-31 所示。

图 2-31 修边

21. 执模——抛光

金属边修平整后的抛光要注意，使用砂纸卷打磨是必不可少的，但砂纸卷对宝石是有损害的，因此使用砂纸卷的时候要非常小心，不要打到宝石。橡胶轮和抛光轮不会对宝石造成损伤。使用砂纸卷打磨如图 2-32 所示，使用抛光轮抛光如图 2-33 所示。

图 2-32 使用砂纸卷打磨

图 2-33 使用抛光轮抛光

22. 完成椭圆形弧面宝石包镶

将金属丝弯折成耳钩形状，并打磨抛光，完成椭圆形弧面宝石包镶，如图 2-34 所示。

图 2-34 完成椭圆形弧面宝石包镶

水滴形弧面宝石包镶制作步骤

1．材料准备

选定水滴形弧面宝石，观察宝石的尺寸与高度，确定金属边厚度与高度，计算金属边长度，具体操作参照椭圆形弧面宝石包镶制作步骤 1 至步骤 3。材料准备如图 2-35 所示。

2． 弯折金属边

沿宝石边缘以水滴形尖角处为起点，弯折金属边，如图 2-36 所示。

图 2-35 材料准备

图 2-36 弯折金属边

3．裁切金属边

像水滴形这种有一个尖角的形状，金属边的接口留在水滴形尖角的位置，可保证尖角形状的美观。确定好接口位置后锯断金属边，如图 2-37 所示。接口处可以有两种处理方式，如图 2-38 所示。

图 2-37 裁切金属边

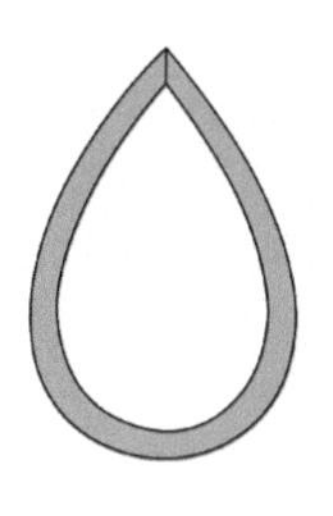

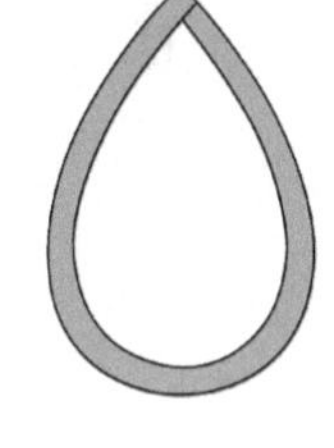

图 2-38 水滴形金属边接口处的两种处理方式

4．焊接金属边

将锯断并打磨整齐的金属边焊接好，如图 2-39 所示。

图 2-39 焊接金属边

5．清理角位焊药

角位焊接后经常会有残留焊药占据角位空间的情况，因此为了使宝石能够平整贴合地放置在包镶的金属边框内，需要用锯子或牙针将金属角位残留的焊药清理干净，如图 2-40 所示。

图 2-40 清理角位焊药

6. 试石

调整好金属边后，将宝石卡入石位，观察金属边与宝石边缘是否贴合紧密，如有明显空隙则需收缩金属边，如图 2-41 所示。

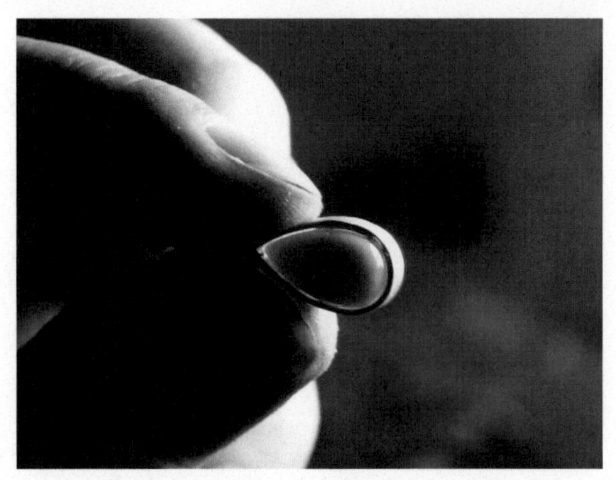

图 2-41 试石

7. 焊接金属底面

金属底面要能够包含全部金属边，在此步骤将平整的金属边与金属底面焊接好，如图 2-42 所示。

图 2-42 焊接金属底面

8. 锯掉外侧多余金属底面

在金属底面焊接好金属边后，锯掉外侧多余的金属底面，如图 2-43 所示。

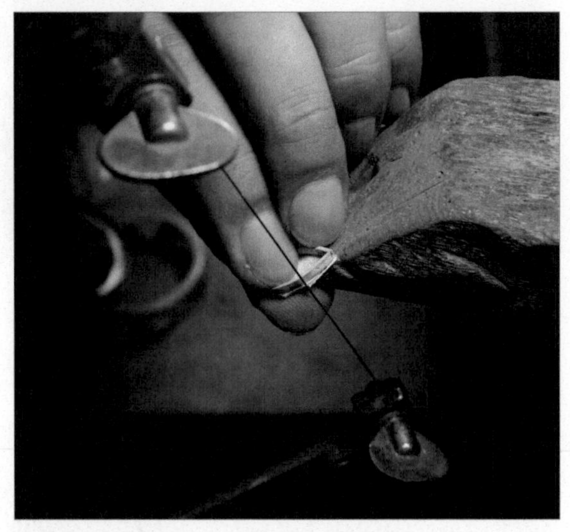

图 2-43 锯掉外侧多余金属底面

9. 金属底面镂空

钻孔并镂空底面，具体步骤参照椭圆形弧面宝石包镶制作步骤 13，如图 2-44 所示。

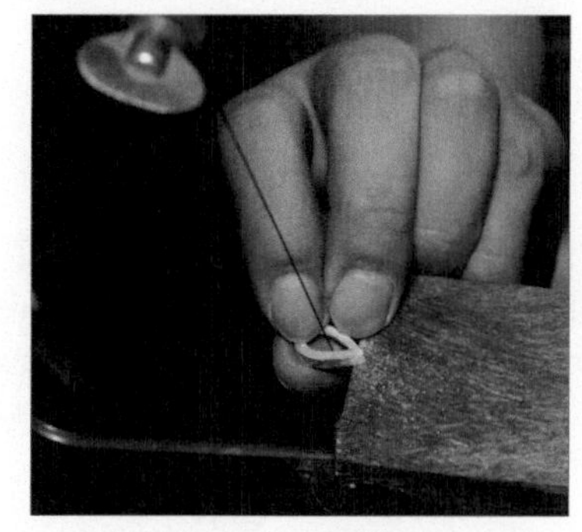

图 2-44 金属底面镂空

10. 金属边的调整

在镶石之前，最后对金属边的高度进行确认，打磨掉多余部分。在该步骤，对于有角度的弧面宝石需要注意的是，无论是水滴形、马眼形，还是长方形，尖角位置的金属边都要向下打磨掉一部分，从侧面看尖角位置的金属边低于金属边水平线。水滴形弧面宝石金属边的处理如图 2-45 所示，长方形弧面宝石金属边的处理如图 2-46 所示。

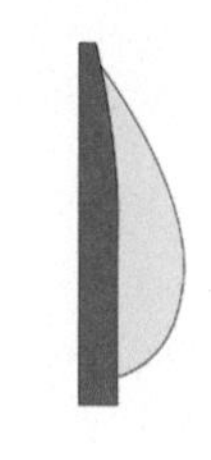

图 2-45 水滴形弧面宝石金属边的处理

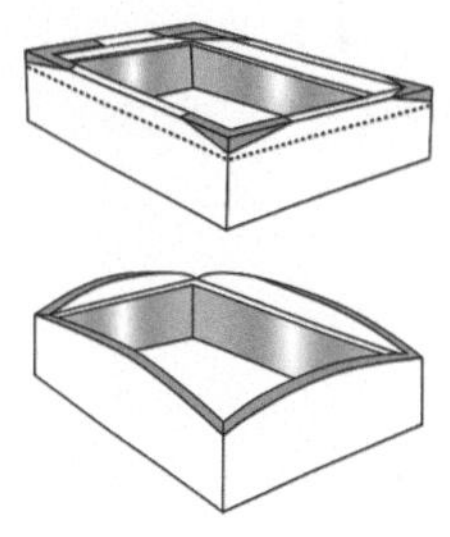

图 2-46 长方形弧面宝石金属边的处理

11. 焊接金属配件

将需要焊接的吊坠环在镶石之前焊接好，如图 2-47 所示。

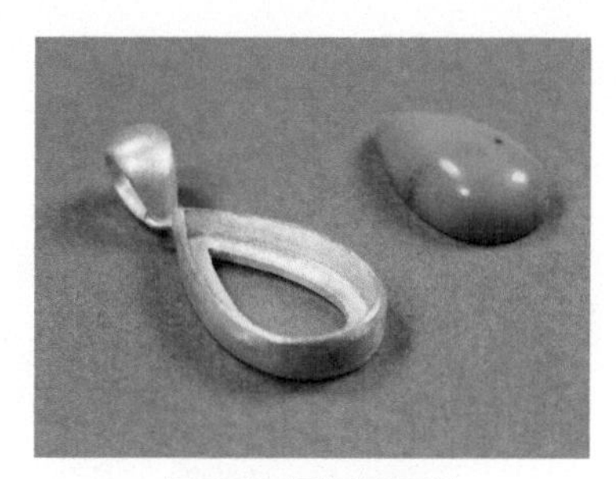

图 2-47 焊接金属配件

12. 固定金属

将用于包镶的金属镶口固定在火漆球或镶石座上，具体操作与注意事项参照椭圆形弧面宝石包镶制作步骤 16，如图 2-48 所示。

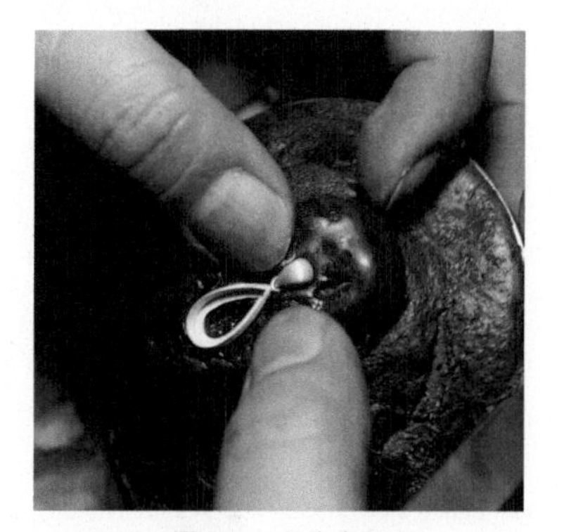

图 2-48 固定金属

13. 下石

将宝石按入镶口，具体操作与注意事项参照椭圆形弧面宝石包镶制作步骤 17，如图 2-49 所示。

14. 镶石——点状固定

金属边的挤压依然是先点状固定再循环挤压，像圆形、椭圆形、方形这一类有两条对称轴的形状，很容易找到十字交叉的对称点，适合以对称轴上的点为标准进行点状固定，但是水滴形只有一条对称轴，所以更适合将对称轴两侧分为上下两组对称点。图 2-50 中，对①②为一组的点进行点状固定后，再对③④为一组的点进行点状固定。

15. 镶石——循环压边

点状固定后循环压边的方式与椭圆形弧面宝石包镶的方式基本一致，具体操作与注意事项参照椭圆形弧面宝石包镶制作步骤 19，如图 2-51 所示。

图 2-49 下石

图 2-50 点状固定顺序

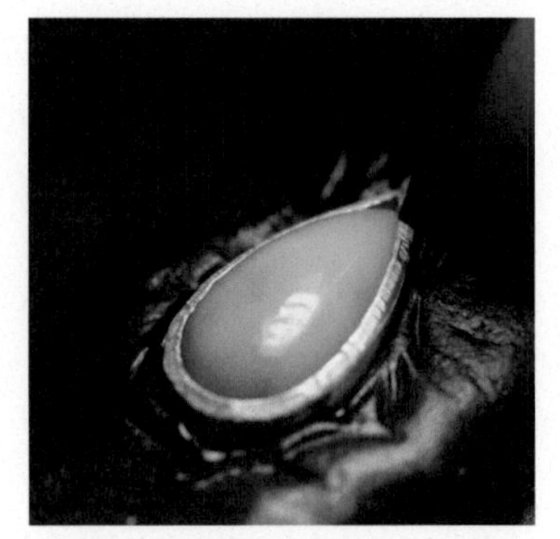

图 2-51 循环压边

16. 检查镶嵌是否稳固

在压边的过程中要不断观察宝石是否镶嵌稳固。宝石基本镶好后，将表面的金属屑等杂质扫干净，最后观察宝石包镶是否严密，触碰宝石确定严密稳固后方可进行下一步制作。需要特别注意的是水滴形的尖角位置金属是否严密。检查镶嵌是否稳固如图 2-52 所示。

图 2-52 清理杂质与检查包镶是否严密

17. 执模——修边

用平头铲刀将尖角处金属边内侧修平整，并用锉刀打磨金属边外侧，如图 2-53 和图 2-54 所示。

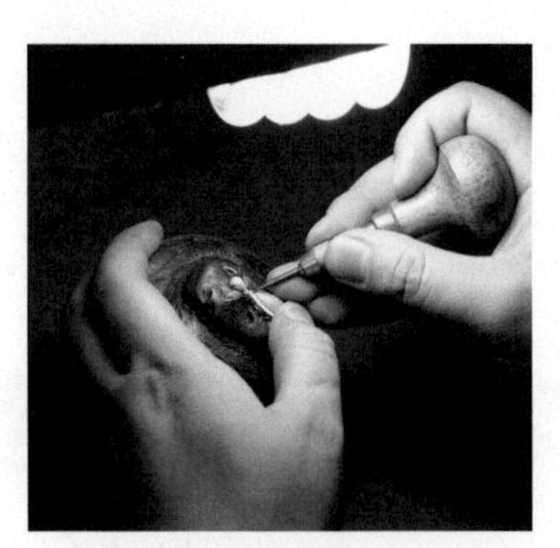

图 2-53 铲修金属边内侧

图 2-54 锉修金属边外侧

18. 执模——抛光

使用砂纸卷、抛光轮抛光，如图 2-55 所示。

19. 完成水滴形弧面宝石包镶

制作完成的水滴形弧面宝石包镶如图 2-56 所示。

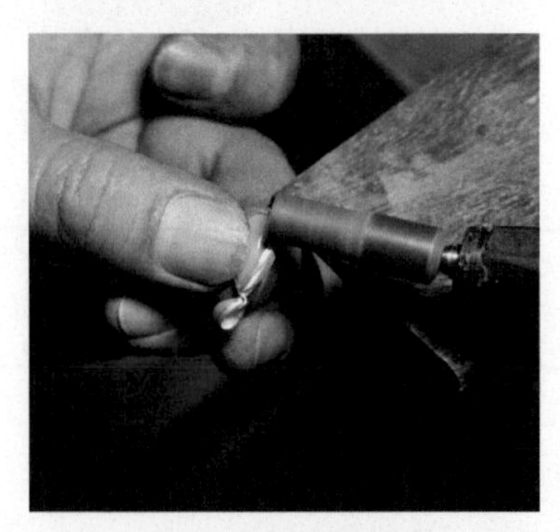

图 2-55 用砂纸卷打磨

图 2-56 完成水滴形弧面宝石包镶

◆ 刻面宝石包镶的制作方法

刻面宝石与弧面宝石在包镶制作中的差别：一个是刻面宝石的镶石托底面不能是平面，要有刻面宝石亭部下沉的空间，因此不能靠平面支撑，需要在金属边内侧有一圈腰棱架起宝石；另一个是刻面宝石包镶中金属挤压方式不同。下面以圆形刻面宝石和矩形刻面宝石为例，介绍刻面宝石包镶的制作步骤和注意事项。由于刻面宝石包镶与弧面宝石包镶在部分制作步骤和注意事项上有重复，因此刻面宝石包镶步骤中对重复部分有所省略，可以从前文查阅参考。圆形刻面宝石包镶如图 2-57 所示，矩形刻面宝石包镶如图 2-58 所示。

图 2-57 圆形刻面宝石包镶

图 2-58 矩形刻面宝石包镶

圆形刻面宝石包镶的制作步骤

1. 材料准备

在刻面宝石包镶中，金属从腰部将宝石托起，因此不需要有底面，只要宝石不露底，底面全无也没有影响，但需要注意的是镶石位起到托起作用的棱与宝石亭部的位置是否合适，一般棱的厚度至少为 0.5mm。圆形刻面宝石与镶口如图 2-59 所示，刻面宝石与弧面宝石包镶镶石位剖面图如图 2-60 所示。

图 2-59 圆形刻面宝石与镶口

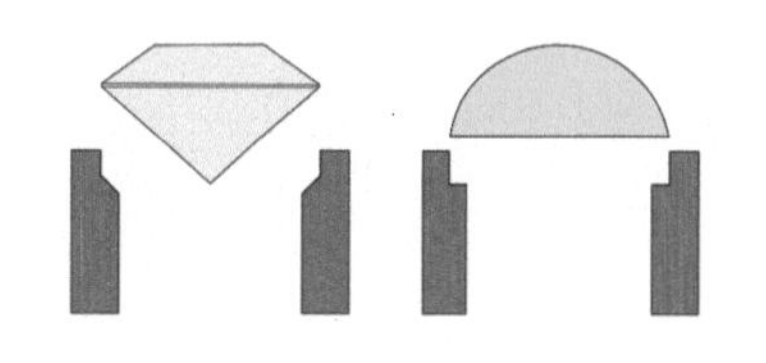

图 2-60 刻面宝石与弧面宝石包镶镶石位剖面图

2. 镶石

刻面宝石包镶的金属挤压方向因为冠角的角度较小，錾子的挤压方向顺着宝石冠角的角度，所以相较于弧面宝石的四周向中心挤压，刻面宝石的挤压方向更多是向下的。刻面宝石挤压的步骤与弧面宝石一样也是先以中轴对称的原则进行点状固定，再循环压边，如图 2-61 和图 2-62 所示。

3. 执模

向下挤压一定会造成金属边内侧的不平整，因此要先用铲刀铲修金属边缘内侧，再用锉刀修整，最后用砂纸卷、抛光轮等抛光。用铲刀修金属边内侧如图 2-63 所示。

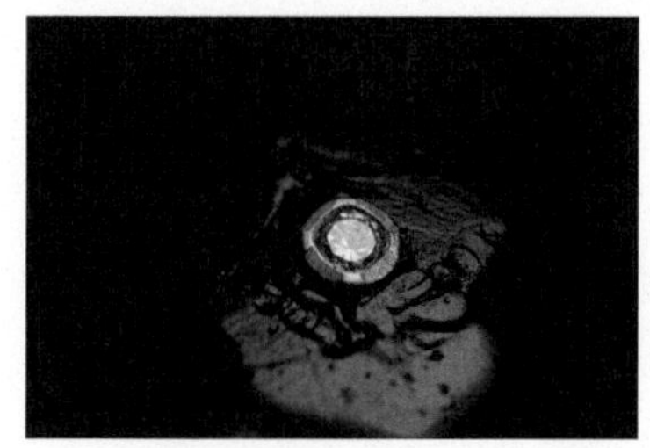

图 2-61 点状固定

图 2-62 循环压边

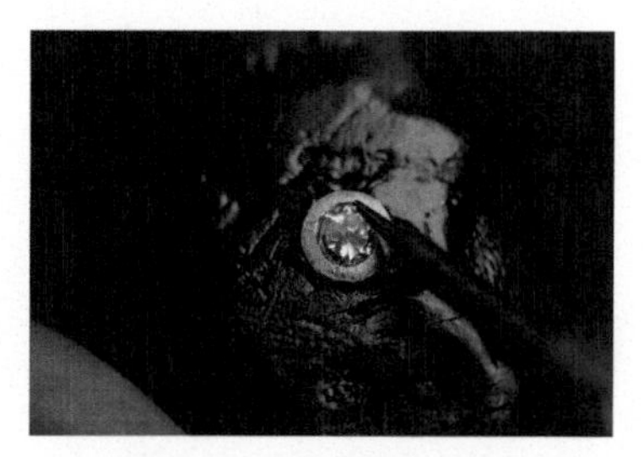

图 2-63 用铲刀修金属边内侧

4. 完成圆形刻面宝石包镶

制作完成的圆形刻面宝石包镶如图 2-64 所示。

图 2-64 完成的圆形刻面宝石包镶

矩形刻面宝石包镶的制作步骤

1. 前期准备

镶石托底部留宝石亭部下沉空间，且高度保证宝石不露底，如图 2-65 所示。

2. 金属边内侧处理

矩形刻面宝石包镶与圆形刻面宝石包镶相比，差别最大的就是在金属边内侧和角位的处理上。首先是要在金属边内侧棱角处用约 0.5mm 的球针打出凹槽，如图 2-66 所示。

3. 角位锯开口

在直角处锯一个开口，深度为到宝石腰棱以上，为开口收紧留有余地，如图 2-67 所示。

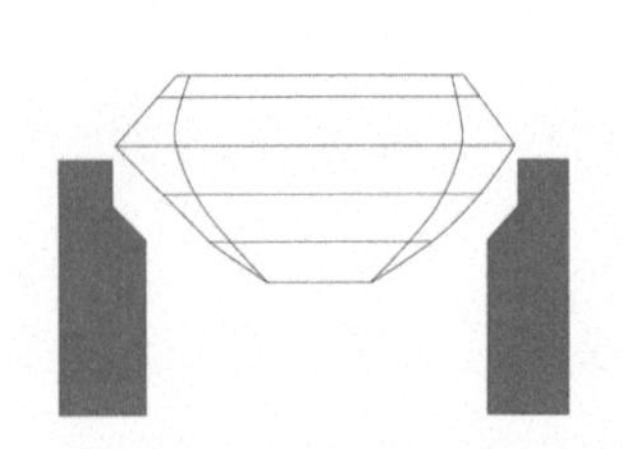

图 2-65 矩形刻面宝石包镶镶石位剖面图

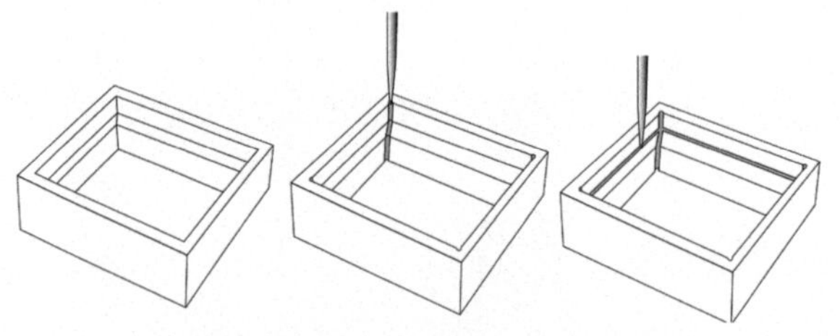

图 2-66 矩形刻面宝石包镶金属边内侧凹槽位置

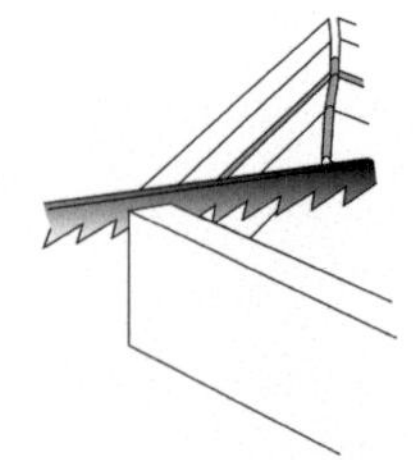

图 2-67 角位锯开口

4. 镶石——挤压角位

角位锯了开口后，先将开口处的金属下压，顺序依然是对角方向，具体操作如图 2-68 至图 2-70 所示。如果没有先挤压角位，在镶嵌后期将很难使角位的开口闭合。错误镶石示范如图 2-71 所示。

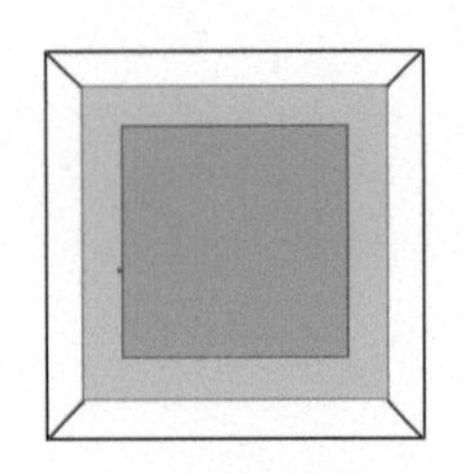

图 2-68 红线为锯开口处

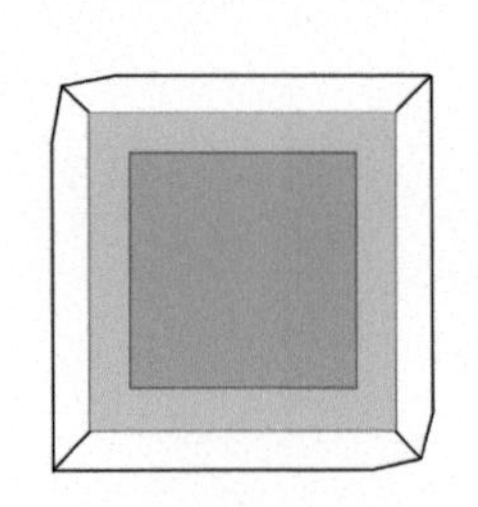

图 2-69 以对角线方向顺序挤压直角位置金属边

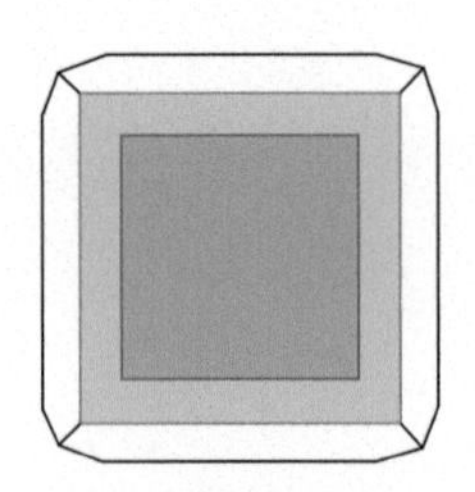

图 2-70 将四个角均匀完成挤压

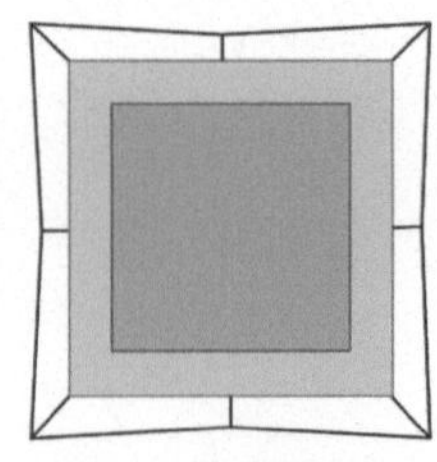

图 2-71 错误镶石示范

5. 镶石——循环压边

四个角收紧后再将直边的金属压紧，之后借助錾子以循环压边的方式四周挤压，镶紧宝石，如图 2-72 和图 2-73 所示。

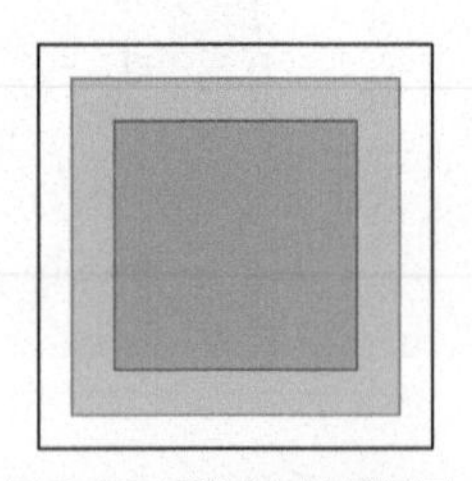

图 2-72 压紧金属边俯视图

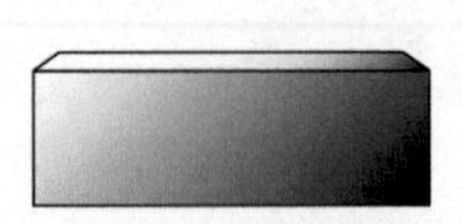

图 2-73 金属边侧视图

◆ 其他包镶方式

上述弧面宝石和刻面宝石的包镶方式是较为常规的，但并不是仅有这两种方式，还有很多能让包镶的效果更加丰富的方式，也是解决不同设计需求的包镶方式。例如双头包镶、倒锥形包镶等，但其基本原理是一致的，只是在不同的操作中有不同的注意事项。如图 2-74 和图 2-75 所示，是两款非常规包镶戒指。

图 2-74 包镶戒指（一）

图 2-75 包镶戒指（二）

内肩式包镶

弧面包镶的金属底面，除了可以焊接金属片，还可以焊接一个金属环在金属边内侧，这个金属环可以是圆环，也可以是环形金属片，目的是起到和金属底面一样的对宝石的托起作用，差别在于如对较薄的弧面宝石，这样的结构可以通过增高金属边的方式增加其体量感，这个方式也同样适用在双头包镶、碗状包镶等镶嵌方式中，在下文中将会提到。内肩式包镶剖面图如图 2-76 所示。需要注意的是焊接内侧金属环或金属片的位置常会有多余焊药，处理方式一种是在焊接处打磨出一个斜角，为焊药留有余地，如图 2-77 所示，另一种方式是通过打磨的方式处理多余焊药。内肩式包镶如图 2-78 所示。

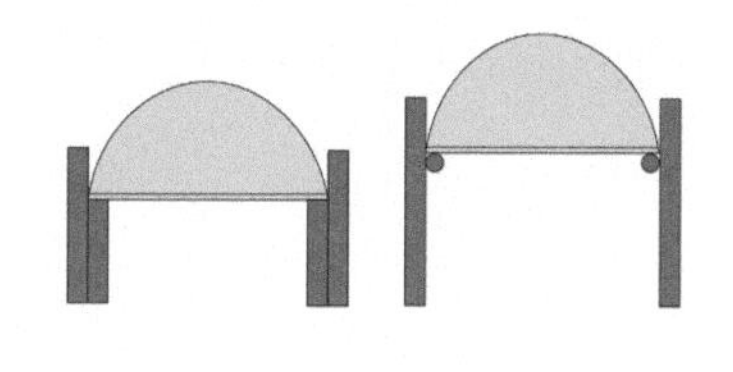

图 2-76 内肩式包镶剖面图

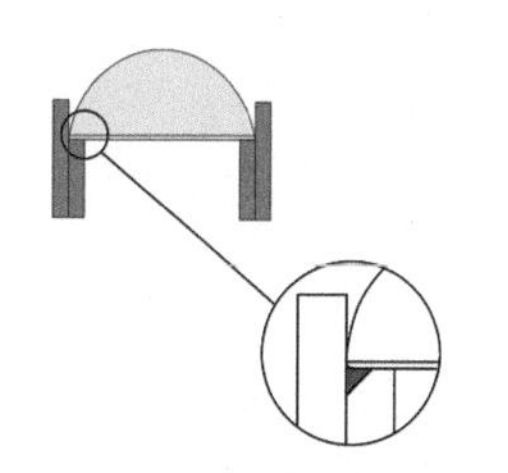

图 2-77 金属边与内侧金属片焊接位斜角处理

图 2-78 内肩式包镶

半包镶

半包镶是相对于全包镶而言的，因设计的需要宝石周围的一部分金属边被去除，随之而来的是金属边可以有更丰富的形式变化，但是半包镶一般要求宝石有一定的体量，能够被部分金属边牢固地镶嵌。这种镶嵌方式介于常规包镶、爪镶的镶嵌方式之间，如图 2-79 所示。

图 2-79 半包镶

碗状包镶

前面提到的包镶都是在一个能够水平放置的底面上进行镶嵌的，而碗状包镶则是在一个半球状，也就是在类似碗状的结构上进行包镶，这种镶嵌方式使弧面宝石与金属浑然一体，宝石所展示的方向更加灵活，金属不只是一个底面，也是视觉形式中重要的一部分，这种镶嵌方式也适用于锥形宝石。制作上首先要根据宝石尺寸用窝錾敲出一个半球形，在半球形状结构内焊金属环作为宝石底座，然后将金属用火漆等固定。镶石的方式与前面所介绍的基本镶嵌是一样的，将金属边向中心挤压即可。碗状包镶相关内容如图 2-80 至图 2-83 所示。

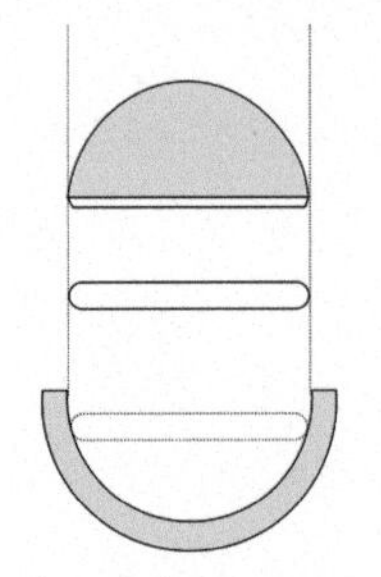

图 2-80 碗状包镶结构图

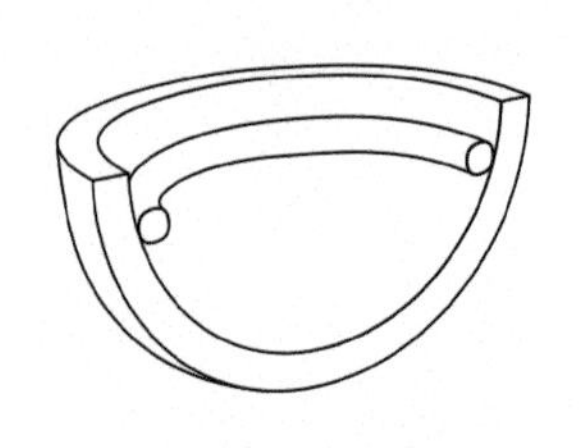

图 2-81 碗状包镶金属结构剖面图

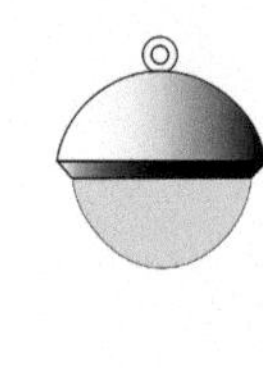
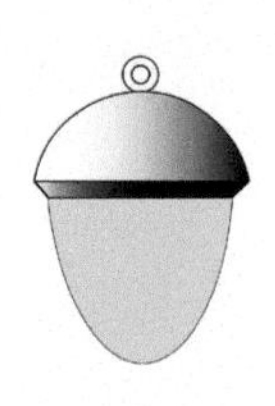

图 2-82 碗状包镶应用于弧面和锥形宝石

图 2-83 碗状包镶

双头包镶

双头包镶是内肩式包镶和碗状包镶的延伸，是指在一个管状结构的两头分别镶嵌宝石。内部结构处理上，如果镶嵌较大的宝石，可以在金属管内壁焊接一个或两个环状结构，作为两侧宝石的底托；如果镶嵌较小的宝石，则可以直接在厚度充足的金属管两头用球针扩出镶石托。双头包镶的难点在于固定，镶石中需要将两头分别镶嵌，镶嵌一头的时候，另外一头必然是固定在火漆里的。因此双头包镶更适合使用白火漆，热吹风即可软化，不容易粘连；如果使用红火漆有粘连，则需要泡天那水去除。双头包镶剖面图和成品分别如图 2-84 和图 2-85 所示。

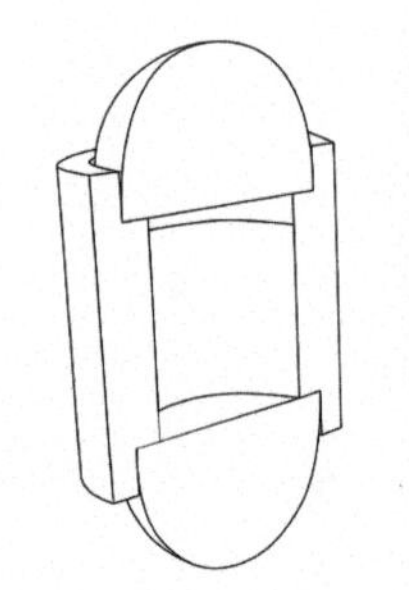

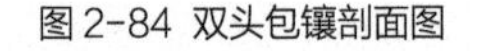

图 2-84 双头包镶剖面图

图 2-85 双头包镶

倒锥形包镶

倒锥形包镶适用于弧面较高甚至是有尖角的锥形宝石。倒锥形包镶结构的要点是要制作一个上宽下窄的金属包边，从宽的一侧将宝石倒置放入包边结构中。首先需要准备一个尺寸合适的长条金属片，将金属片一侧锯出锯齿或波浪形，另外一侧留直边；之后将金属片围合成环状并焊接接口；再用铳子将金属包边撑成齿边宽、直边窄的形状；准备好包边后将宝石倒置放入，锯齿或波浪形向宝石底部弯折，形成固定结构，如图 2-86 所示。

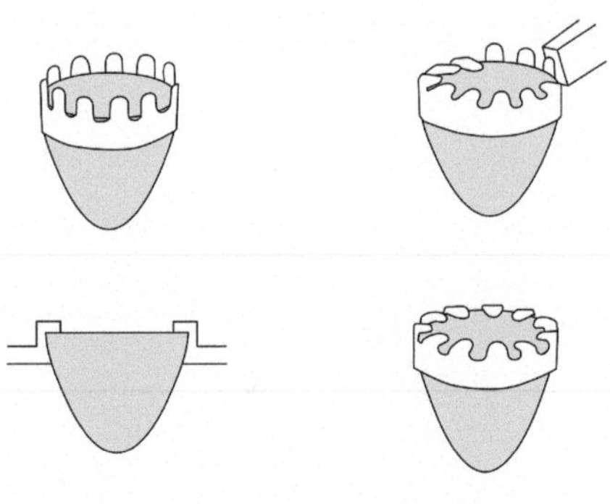

图 2-86 倒锥形包镶结构

包镶在首饰设计中的应用

包镶最大的特点就是稳固，即使是较软的纯金、纯银也可以使包镶达到稳固镶嵌的目标，另外就是可以适应较多的宝石类型。从设计和审美的角度来看，包镶给人一种饱满、稳重的视觉感受。整体而连贯的金属边，经过打磨呈现光泽感，犹如在宝石周围勾勒的线条，增强了设计的精致感。在传统的首饰中，包镶是使用率极高的一种镶嵌方式。一方面是因为它易于掌握；另一方面是因为古代首饰中金属主要使用纯金、纯银，硬度较低，使用包镶方式最为适合。在视觉上，古代首饰以及一些民族首饰，较多使用颜色饱和度很高的红珊瑚、绿松石、蜜蜡等宝石，例如蒙古族和藏族饰品，不讲求宝石的透明度，更在意色彩的浓烈；从搭配的角度，饱和度高的色彩配合大面积的金属光泽，尤其是纯金的色彩，更加具有视觉冲击力。例如花丝工艺的装饰品常与包镶宝石相配合，也因此色彩的对比更加浓烈。17~19 世纪金嵌珍珠宝石圆花和 18 世纪摩洛哥珠子饰品分别如图 2-87 和图 2-88 所示。

图 2-87 17~19 世纪金嵌珍珠宝石圆花

在现当代的首饰设计中，包镶依旧是在弧面宝石中较为普遍的一种镶嵌方式，并且演变出越来越丰富的形式，它也能够适应多变的宝石形状。关于包镶的创新探索，也有很多精彩的艺术首饰案例，这些案例利于学习工艺的同时，能够开拓设计的视野，如图 2-89 至图 2-92 所示。

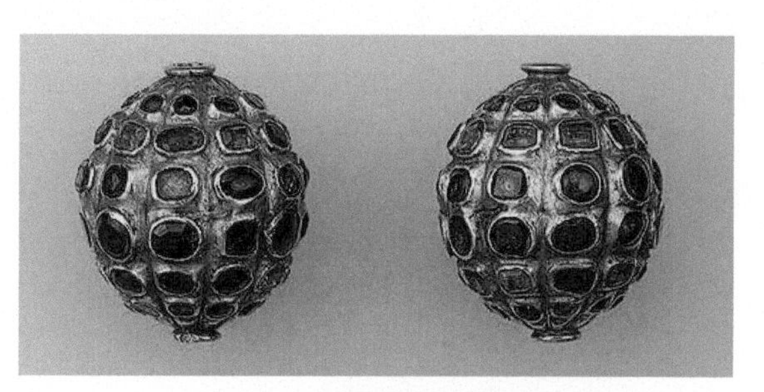

图 2-88 18 世纪摩洛哥珠子饰品

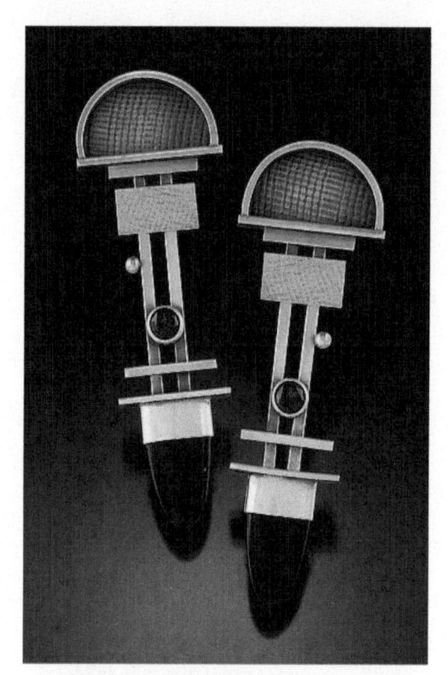

图 2-89 包镶首饰（一）

图 2-90 包镶首饰（二）

图 2-91 包镶首饰（三）

图 2-92 包镶首饰（四）

包镶作为学习镶嵌工艺的入门级镶嵌方式，看似简单，却拥有最悠久的镶嵌历史和极大的创新可能性。包镶的运用可以非常灵活，对金属边的把控其实就犹如一道设计命题一样，在可以镶嵌的范围内它的尺度并不绝对，所谓“适宜”的宽窄、高度，考验的是设计者对宝石的理解，希望镶嵌的初学者可以从包镶中得到创意的启发。

第3章

爪镶

CHAPTER 03

爪镶是宝石镶嵌中最为常用的镶嵌方式之一，它是在尽量简单的金属结构下能够实现稳固固定宝石的一种镶嵌技法。相对于包镶，爪镶的特点在于使用少量金属遮挡宝石，从而更加充分地展现宝石的光彩，尤其在大克重刻面宝石中其应用广泛。

爪镶概述

爪镶利用“柱”状金属结构,完成对宝石的向心爪合的固定作用,同时能够最大限度地给宝石以光线的折射空间,来充分展示宝石的光芒。爪的数量常见的有两爪、三爪、四爪、五爪、六爪等，根据宝石的形状和尺寸而定，如图3-1 所示。例如马眼形宝石因为有两个尖角，所以用两个折角的爪固定，其他形状用两爪则不稳固，但如果马眼形宝石的克重较大，为了镶嵌稳固则需要在两侧再各加两个柱状爪，也就变成六个爪，但这个六爪镶和常说的婚戒的经典六爪镶不是一回事，因此爪的数量并不代表一定的模式。圆钻之所以在订婚戒指中受众最广，是因为圆形适应性最强，三爪、四爪、六爪都可以有漂亮的爪镶造型，因此大众很多时候对爪镶的概念被定格在圆钻婚戒的范畴。爪镶的局限性在于金属柱结构较细，对金属的硬度有一定要求，因此纯金、纯银的硬度不适宜爪镶结构。

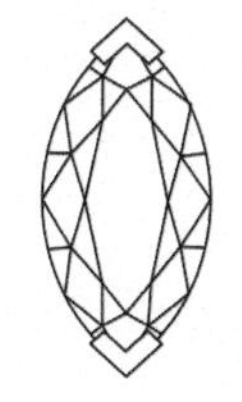
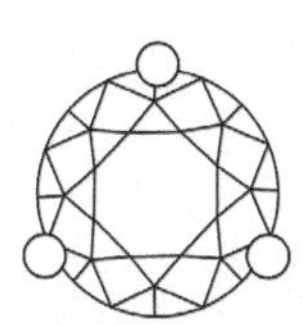
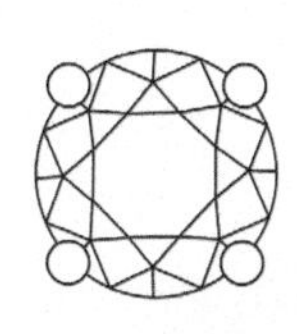
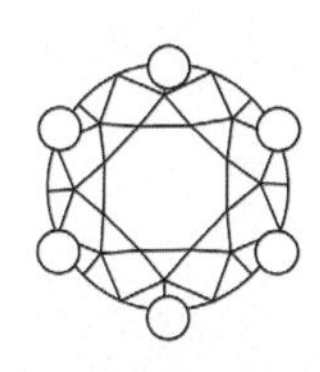
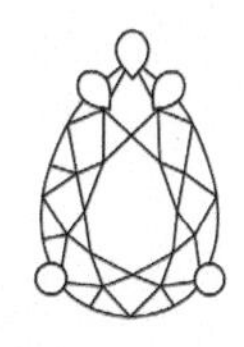

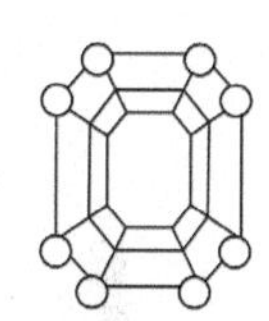

图 3-1 不同形状宝石的爪镶式样

爪镶的制作方法

爪镶中爪的数量从两爪到八爪甚至更多，可以根据宝石的情况来设定。其中圆形、椭圆形宝石常用四爪镶、六爪镶这种对称的镶嵌方式；三爪镶一般是水滴形或心形宝石常用的镶嵌方式；共爪镶是多颗宝石排列的情况下使用的镶嵌方式。在下文的爪镶分类中主要介绍有代表性的三爪镶、四爪镶、六爪镶，以及共爪镶的具体制作步骤，依据这几种镶嵌步骤可以举一反三地进行其他爪镶样式的练习。

◆ 三爪镶

三爪镶多用在水滴形、心形、三角形一类宝石的镶嵌中，一般在宝石尖角的位置做折角爪，用以保护宝石尖角且固定宝石，但如果宝石较小，则爪一般被处理成三个圆柱爪，如图 3-2 所示。下面以水滴形刻面宝石的三爪镶为例进行示范。

图 3-2 珠宝艺术家熊宸作品

三爪镶制作步骤

1. 材料准备

此案例中利用三维软件建模制作镶石托，先测量宝石尺寸，然后根据宝石的尺寸和形状进行三维建模，再用3D 喷蜡铸造 925 银，金属板在使用前要先进行初步执模，如图 3-3 所示。

2. 固定金属

将准备好的三爪镶镶石托固定在火漆上。上火漆注意用软火将火漆烤软，大火、硬火容易将火漆点燃烧糊；再借助镊子等工具将火漆拨开，将镶石托固定在火漆上。如果直接将镶石托按压在火漆上，火漆则会从底部孔洞顶上来，所以趁火漆变硬前及时拨动按压火漆挤压住镶石托（见图 3-4），待火漆变冷、变硬后便可开始下面步骤。

图 3-3 准备镶石托与宝石

图 3-4 上火漆

3. 调整镶石托

用桃针将镶石托打磨出一个向内的坡度，以适应刻面宝石底部的形状，如图 3-5 所示。使用桃针的原因是桃针的尖角可以较好地打磨到水滴形的尖角处，如图 3-6 所示。注意所打磨的坡度要均匀，以免出现下石后高低不平的情况。

图 3-5 用桃针打磨出镶石托的坡度

图 3-6 用桃针打磨水滴形镶石托尖角处

4. 标注开石位位置

将宝石放入镶石托，感受宝石腰棱的位置高度，据此确定好要开石位的高度后，用分规在每一个金属爪上标注出要用飞碟开凹槽的位置，如图 3-7 所示。

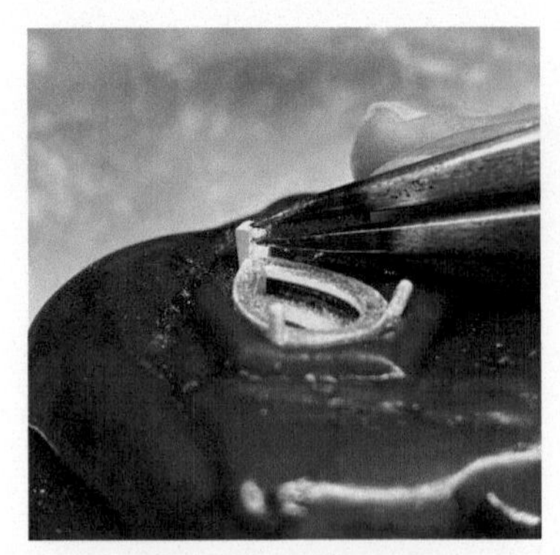

图 3-7 标注开凹槽位置

5. 折角爪开石位

开石位主要使用的工具是飞碟，先在折角爪内侧开凹槽，深度约为爪厚度的 1/3~1/2。折角爪内侧开凹槽需要注意的是，由于飞碟开石位无法打磨到折角的角落位置，因此角位要用小号球针来加深凹槽，以使角位与其他位置达到同样深度，从而能将宝石的尖角卡入，如图 3-8 至图 3-10 所示。

图 3-8 折角爪用飞碟开石位

图 3-9 折角爪角位用球针开石位

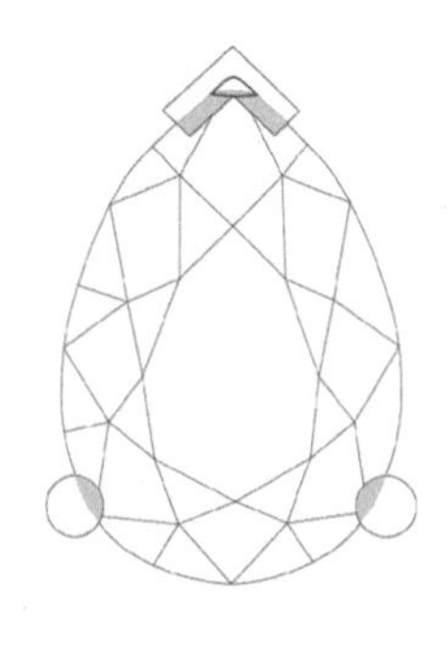

图 3-10 开石位（蓝色标注的为飞碟路径，红色框标注的为球针路径）

6. 柱状爪开石位

用飞碟在柱状爪向心位置开石位，深度约为爪厚度的 1/3~1/2，如图 3-11 所示。

7. 清理石位

如果石位用飞碟打磨后不规整，可以先用铲刀将槽内金属处理平整，再用毛刷将多余金属屑扫净，如图 3-12 所示。

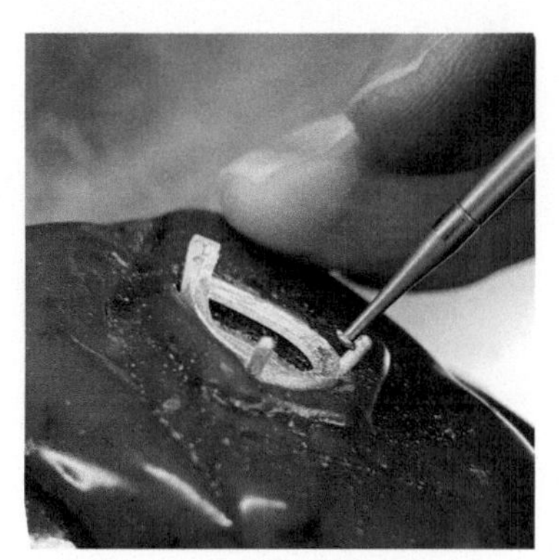

图 3-11 柱状爪用飞碟开石位

图 3-12 清理石位

8. 掰开金属爪

用尖嘴钳将三个金属爪微微向外掰开，可以让宝石卡入即可，如图 3-13 所示。

图 3-13 掰开金属爪

9. 下石

将宝石在镶口内放正，可以用镊子等工具轻轻压紧宝石，从侧面观察是否放平，如图3-14和图3-15所示。一般在此环节如果柱状金属爪过长，则需要用剪钳剪去多余部分，此案例中金属爪长度合适，不需要剪爪。

图3-14 下石侧面

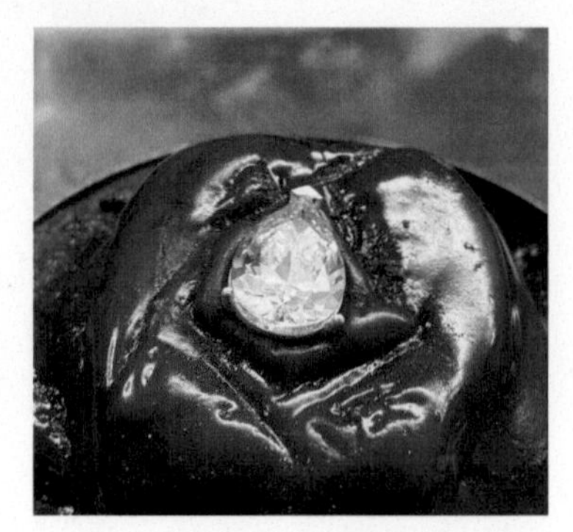

图3-15 下石顶面

10. 镶石

三爪镶镶石常见的两种方法：第一种是用钳子一头在尖角处，钳子另一头分别从两个圆柱爪处夹紧；第二种方法是用平头錾子向中心方向推压三个爪。此案例中采用第二种方法示范，如图3-16和图3-17所示。这两种方法之后都有一个共同的步骤就是用尖嘴钳夹紧折角爪，使折角的角度缩小，从而夹紧宝石，如图3-18所示。

图3-16 推折角爪

图3-17 推圆柱爪

图3-18 用尖嘴钳夹紧折角爪

11. 执模——铲修

用铲刀将折角爪内侧宝石边缘修整齐、光滑，如图3-19所示。

12. 执模——锉修

用锉刀将折角爪的造型锉出来，使折线明确，清晰美观，如图3-20所示。水滴形、马眼形这一类宝石尖角处的折角爪，如果金属尺寸小，则一般处理成浑圆的状态；如果金属尺寸大，则锉修成清晰的折角会更加美观。这样会使得金属与刻面宝石的关系更加契合。

图3-19 铲修平整

图3-20 锉修折角爪

13. 执模——抛光

用砂纸卷、橡胶轮、抛光轮等完成抛光，如图 3-21 所示。

图 3-21 抛光

14. 完成水滴形刻面宝石三爪镶

制作完成的水滴形刻面宝石三爪镶如图 3-22 所示。

图 3-22 完成水滴形刻面宝石三爪镶

◆ 四爪镶

四爪镶在圆形、椭圆形、方形等至少有两条对称轴的形状中都有广泛的运用，四爪镶往往给人一种较为庄重的感受，另外两组对称的固定爪也非常稳固。在订婚钻戒中，除了六爪镶，出现最多的就是四爪镶，而且在多宝石镶嵌中四爪镶也是最常被运用的，如图 3-23 所示。

3D 打印技术的飞速发展，使珠宝中很多原本以金属工艺方式制作的环节都可以用 3D 建模喷蜡铸造的方式轻而易举地完成。由于生产效率高，因此目前批量生产的金属首饰大部分都是采用建模铸造的方式制作的，本章的三爪镶和六爪镶以及共爪镶也都是以这种方式准备镶石托的。虽然 3D 打印技术提高了效率，但是传统的金属工艺制作方式依然有强烈的工艺魅力，因此此处以四爪镶为例，介绍用金属工艺方式制作皇冠四爪镶镶石托的操作步骤。

图 3-23 四爪镶钻石戒指

皇冠四爪镶制作步骤

1. 测量宝石尺寸

由于金属镶石托的制作是完全依据宝石尺寸而定的，所以首先要利用游标卡尺准确地测量宝石的尺寸，如图 3-24 所示。例如案例中所用圆形刻面钻石尺寸为：直径 7mm，高 4.25mm。

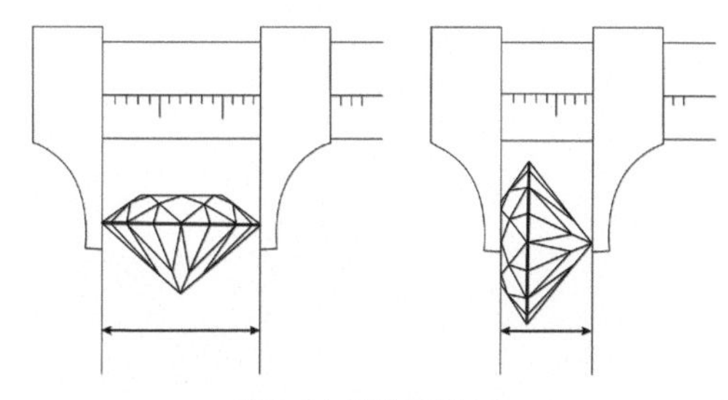

图 3-24 测量宝石尺寸

2. 绘制镶石托侧视图

根据宝石尺寸，在图纸上绘制镶石托侧视图，以确定所需镶石托高度和倾斜角度，如图 3-25 所示。

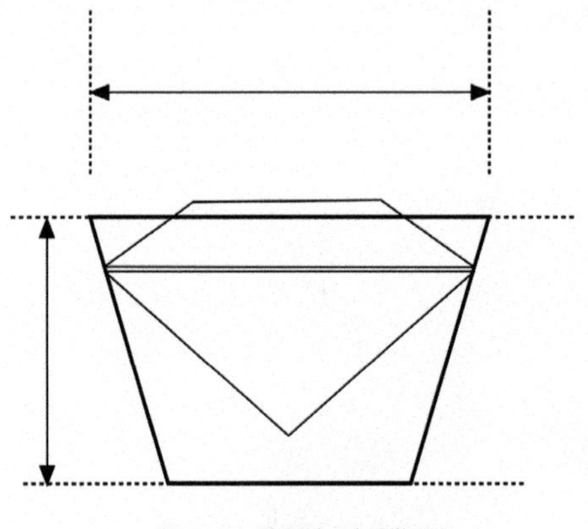

图 3-25 绘制镶石托侧视图

3. 绘制扇形金属片

皇冠四爪镶首先要制作一个上宽下窄的筒状金属，在此基础上锉磨出形状做成皇冠形镶石托，这个上宽下窄的筒状由一个平面的扇形弯折而成，如何计算这个平面扇形的尺寸是此处的关键和难点，具体步骤如下。扇形金属片绘制方法和所得扇形面积如图 3-26 所示。

①首先根据上一步骤的草图得到一个镶石托内壁的侧视图，也就是顶口和底口直径都取镶石托内直径，绘制出图 3-29 中的倒梯形 *ABDC*。

②再将直线 *AB* 和 *CD* 延伸相交于点 *O*。

③以点 *O* 为圆心，分别以直线 *OA* 和直线 *OB* 为半径画圆。

④所需扇形的面积为∠ *AOC* 的度数乘以 3.14，此处由于要考虑金属锯锉的损耗，所以可以按照乘以 3.5 计算，所得角度的两条边延伸与弧线相交所得扇形面积，即为弯折镶石托的金属面积。如果觉得计算角度麻烦，较为简单的方式是截取三个半扇形 *ABDC* 面积大小的扇形。

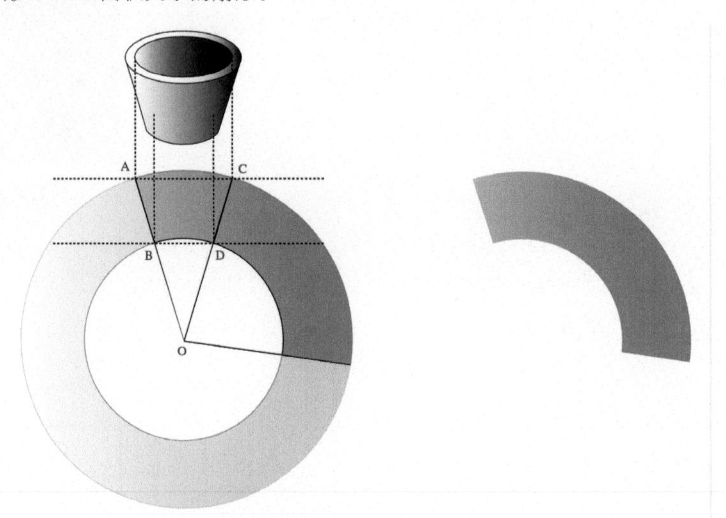

图 3-26 扇形金属片绘制方法和所得扇形面积

4. 绘制金属片形状

根据上一步骤中的方法，在纸上绘制出所要弯折的扇形金属片的形状，如图 3-27 所示。

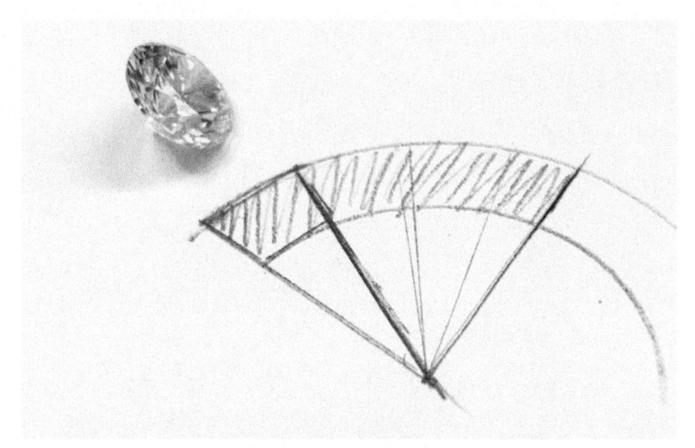

图 3-27 绘制扇形

5. 裁切金属片

将绘制出的扇形剪下来粘贴在金属片上，然后用锯子沿形状边缘锯下金属片，如图 3-28 和图 3-29 所示。

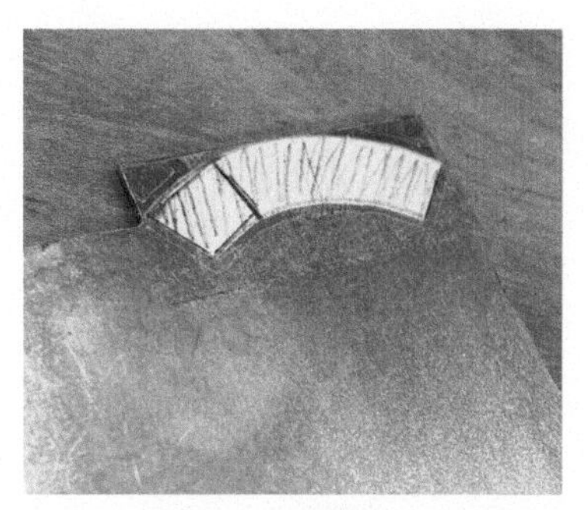

图 3-28 将绘制的扇形纸片粘在金属片上

图 3-29 锯下金属片

6. 弯折扇形金属片

用压弧钳将得到的扇形金属片弯折成筒状，将两条直边对贴紧密，如图 3-30 所示。

7. 焊接接缝

将弯折后的筒状金属片接缝处焊接（见图 3-31），并在焊接后清洗打磨掉多余焊药。

图 3-30 弯折扇形金属片

图 3-31 焊接接缝

8. 调整形状

焊接后再借助钳子和锥形铳将形状撑圆，如图 3-32 和图 3-33 所示。

图 3-32 调整形状（一）

图 3-33 调整形状（二）

9. 标注辅助线

用分规在金属外表面标注出上下两组凹弧线的辅助线，金属外表面用油性笔涂黑再用分规标注更加明显，另外标注出中心对称的四个点，如图 3-34 所示。

图 3-34 标注辅助线

10. 打磨凹弧

用圆形整形锉磨出所需的上下两组错落开的弧度，如图 3-35 至图 3-37 所示。

图 3-35 打磨凹弧（一）

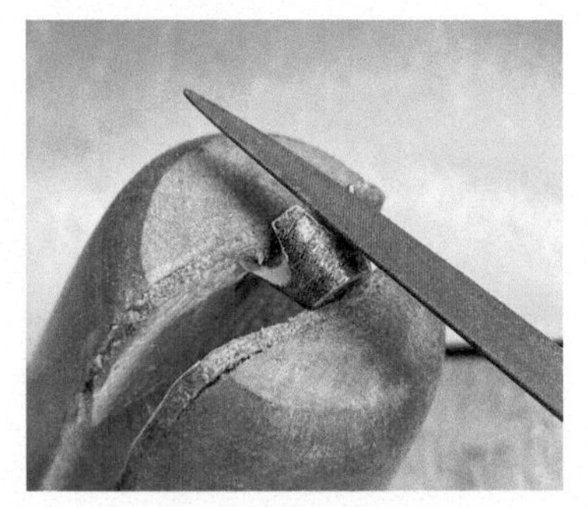

图 3-36 打磨凹弧（二）

图 3-37 打磨凹弧（三）

11. 焊底座

将锉好的皇冠四爪镶石托焊接在圆环底座上，主要目的是使造型优美，使其更像王冠。有底座以后镶石托与戒指等结构的结合会更加自然。焊接好之后煮白矾将杂质清洗干净，如图 3-38 所示。

图 3-38 焊接后清洗金属

12. 初步执模

皇冠四爪镶的凹槽镶石后不容易打磨，因此要在镶石前先进行一次初步执模，避免镶石后有不好打磨的情况，如图 3-39 所示。

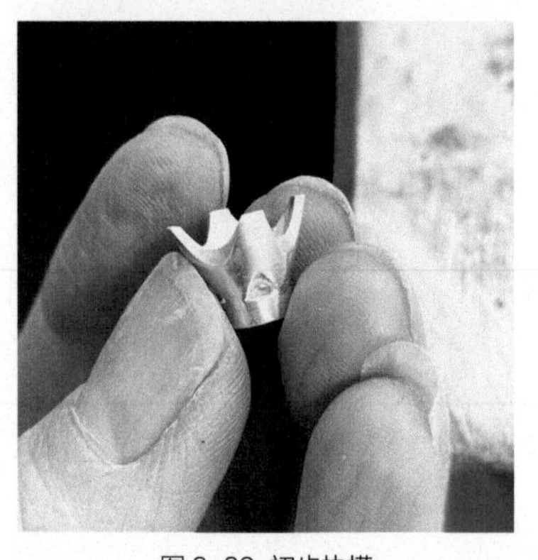

图 3-39 初步执模

13. 上火漆

将镶石托固定在火漆上，如图3-40所示。

14. 观察爪的位置

在开石位之前，先将宝石放在镶石托中，观察宝石腰部在金属爪中的位置，如图3-41所示。

图3-40 上火漆

图3-41 观察爪的位置

15. 标记开石位位置

在四个金属爪上，将宝石腰部接触金属爪的位置用分规做出标记，确保四个爪标记高度一致，如图3-42所示。

16. 开石位

在标注的开石位位置用飞碟开槽，槽深度约为金属爪厚度的一半，如图3-43所示。

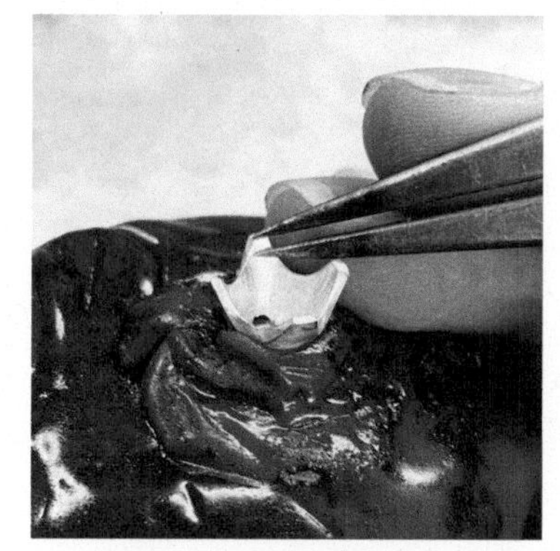

图3-42 标记开石位位置

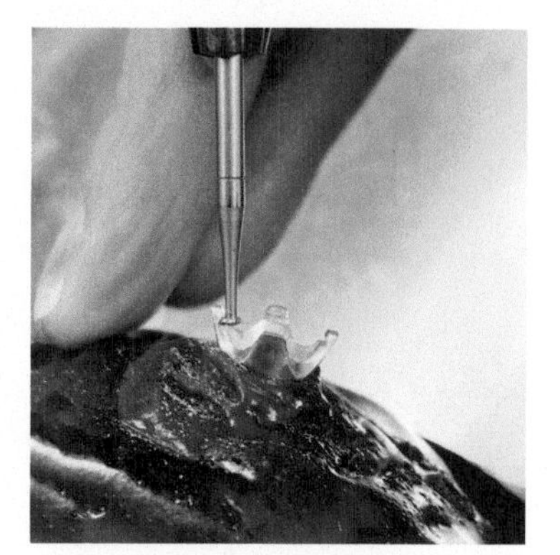

图3-43 开石位

17. 下石

开槽后将石位的金属粉末清理干净，然后将宝石放入石位，如图3-44所示。

18. 镶石

用尖嘴钳从对角方向，两两夹紧镶石，如图3-45所示。

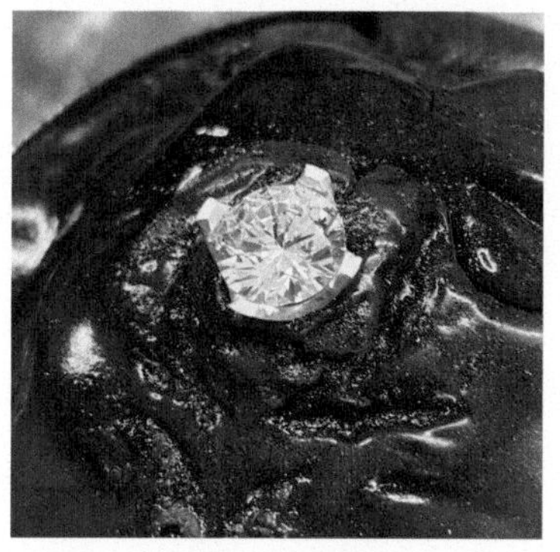

图3-44 下石

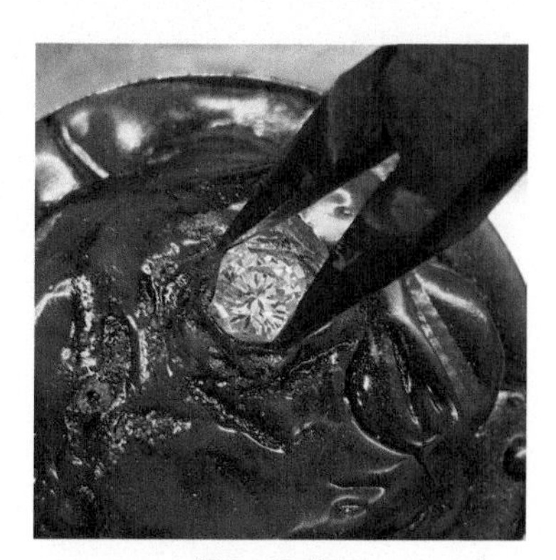

图3-45 镶石

19. 执模——锉修金属爪

将金属爪顶部锉修出漂亮的长方形平面，如图3-46所示。

20. 执模——整体抛光

在之前执模的基础上，再进行最后的整体抛光，如图3-47所示。

图3-46 锉修金属爪

图3-47 整体抛光

21．完成皇冠四爪镶

制作完成的皇冠四爪镶如图3-48所示。

图3-48 完成皇冠四爪镶

◆ 六爪镶

六爪镶在单颗圆形、椭圆形宝石的镶嵌中是非常常见的，一直以来也深受喜爱，六爪的分布与宝石刻面从中心向四周延展的分布方式相呼应。蒂芙尼的皇冠六爪镶钻戒的设计就是六爪镶中的一个经典之作，在精练优雅的造型中最大限度地展现了钻石的风采，至今也是蒂芙尼的一个畅销款式，如图3-49所示。

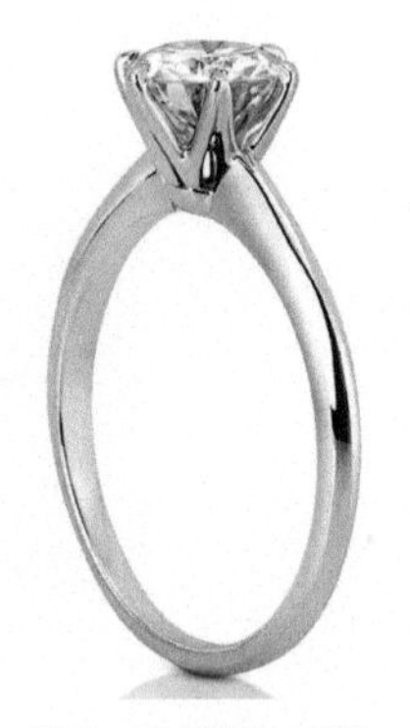

图3-49 皇冠六爪镶

六爪镶制作步骤

1．材料准备

准备直径为5mm的圆形刻面宝石，根据宝石尺寸建模铸造六爪镶镶石托并初步执模，如图3-50所示。

图3-50 准备宝石和镶石托

2．固定金属

将镶石托用火漆固定，如图3-51所示。

图3-51 上火漆

3. 调整镶口

用钳子或镊子等工具略微撑开镶口，如图 3-52 所示，并标注石位开槽位置。

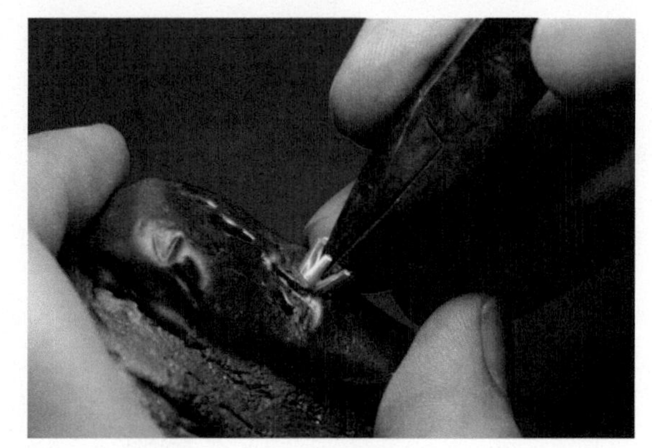

图 3-52 调整镶口

4. 开石位

用飞碟在爪内侧打出凹槽，槽深约为金属厚度的一半，如图 3-53 和图 3-54 所示。

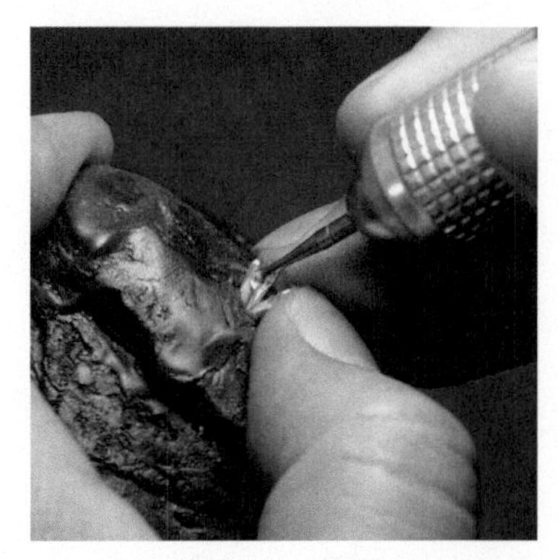

图 3-53 开石位

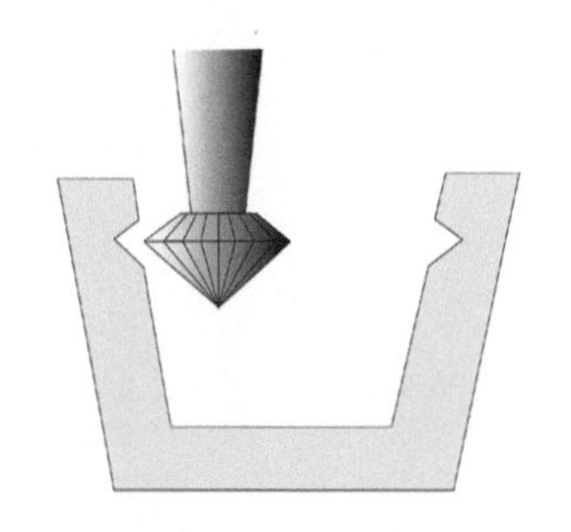

图 3-54 开石位示意图

5. 下石

将宝石放入石位，保证宝石台面水平，宝石腰部卡在石位处，如图 3-55 所示。

图 3-55 下石

6. 镶石

六爪镶和四爪镶一样，都是两爪等距对称，可以用尖嘴钳直接从对角方向夹紧，不用追求一次完成，可以反复多次夹紧，同时调整各个爪，使其达到均匀对称状态，如图 3-56 所示。

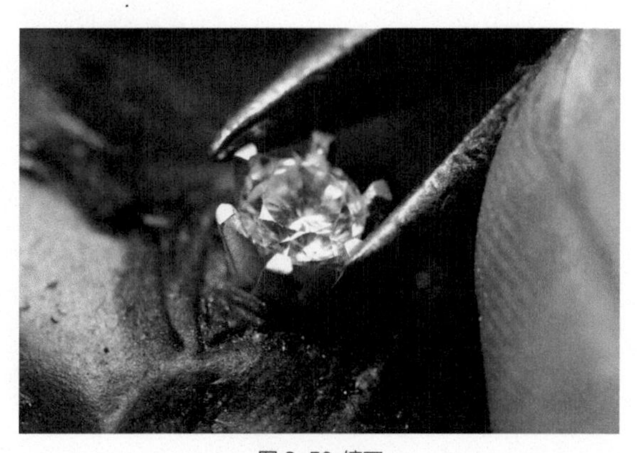

图 3-56 镶石

7. 执模

锉修爪头，再用砂纸卷、抛光轮抛光，如图 3-57 所示。

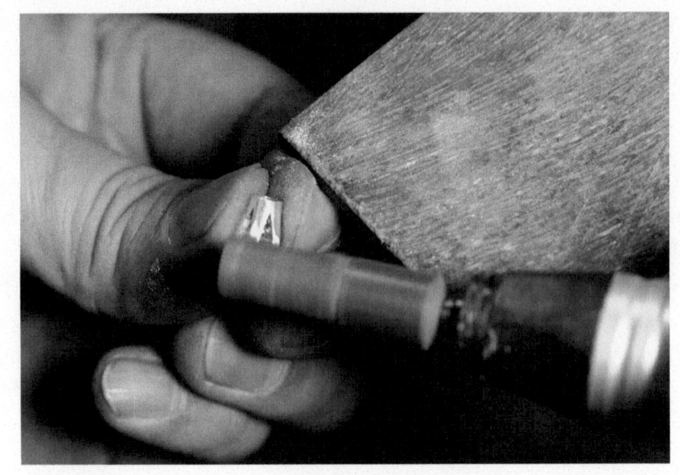

图 3-57 执模

8. 完成圆形刻面宝石六爪镶

制作完成的圆形刻面宝石六爪镶如图 3-58 所示。

图 3-58 完成圆形刻面宝石六爪镶

◆ 共爪镶

共爪镶是指多颗宝石排列，有部分金属爪可以同时镶两颗宝石的镶嵌方式。这种镶嵌方式一般都是宝石紧密排列在一起的时候使用，通常使用在宝石单排排列，或者多围一款式的镶嵌中。共爪镶可以有效地利用金属爪的结构，实现多宝石爪镶的美观效果，如图 3-59 所示。

图 3-59 共爪镶钻石戒指（V&A 博物馆收藏）

共爪镶制作步骤

1. 材料准备

建模铸造共爪镶戒指镶石托并初步执模，准备 7 颗直径为 2.5mm 的圆形刻面宝石，如图 3-60 所示。

图 3-60 准备宝石和镶石托

2. 固定金属

将镶石托固定，此案例款式为戒指，所以选择戒指球镶石座固定较为简便，如图 3-61 所示。

图 3-61 固定在戒指球镶石座上

3. 调整石位

将宝石放在镶口试大小，根据宝石的大小，用钳子将金属爪略微向外掰开，如图 3-62 和图 3-63 所示。

图 3-62 试石位大小

图 3-63 用钳子调整金属爪

4. 开石位

用飞碟开石位，除两端四爪位开一个槽以外，中间爪均开成 90° 的两个槽位，共爪镶顶视图中爪与宝石重叠处，即开槽位置，如图 3-64 所示。开好槽位后下石，试石位是否合适。一般一排从中间位置开始下石，尝试合适后把所有石位开好，如图 3-65 所示。

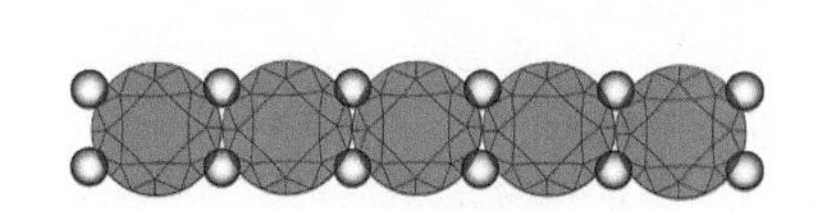

图 3-64 共爪镶顶视图

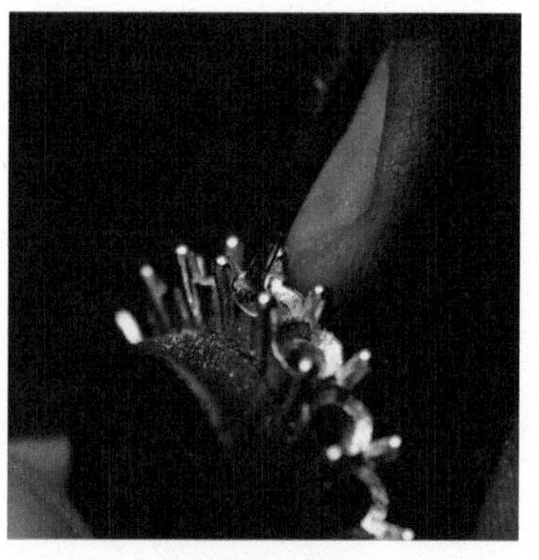

图 3-65 开石位

5. 下石

此案例中宝石成一排摆放，如果排列较长，可以从中间开始分几次下石，一次下 2~3 颗宝石，待其基本固定后再继续下石，如图 3-66 所示。

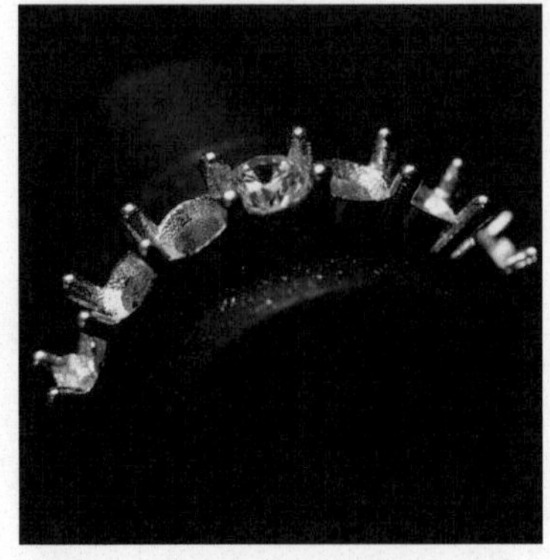
图 3-66 下石

图 3-67 镶石

6. 镶石

宝石在石位放平后用钳子向内夹紧镶石，夹紧后可用镊子检查是否稳固，如图 3-67 所示。

7. 调整爪长

如果金属爪过长，可用剪钳剪短，该步骤根据宝石厚度调整。此案例中金属爪过长，用剪钳剪掉多余部分，如图 3-68 和图 3-69 所示。

图 3-68 剪短金属爪

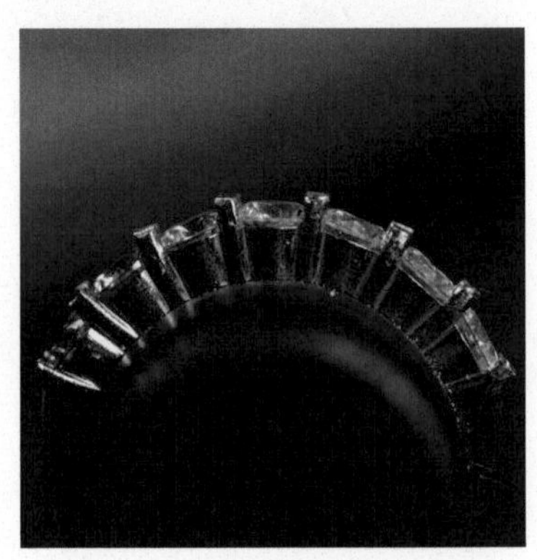
图 3-69 将金属爪调整到合适的长度

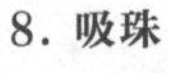

8. 吸珠

用吸珠针头借助吊机，将金属爪头修圆滑。吸珠的尺寸比金属爪略粗一点为宜，使用时蘸取润滑油等油性物质保护针具，如图 3-70 所示。

图 3-70 吸珠

9. 执模

在此案例中需要注意的是，在执模的过程中因为现成的工具形状有限，很多时候为了达到较好的执模效果，要根据不同的款式和造型，自主地调整橡胶轮或砂纸卷的形状。例如，此案例中戒指侧面的棱线凹槽部分，如果用正常的橡胶轮不好打磨，可以将橡胶轮侧棱修宽再使用，如图 3-71 和图 3-72 所示。合适的工具可以达到事半功倍的效果。最后用铲子修整吸珠处多余的金属皮。

图 3-71 修改橡胶轮

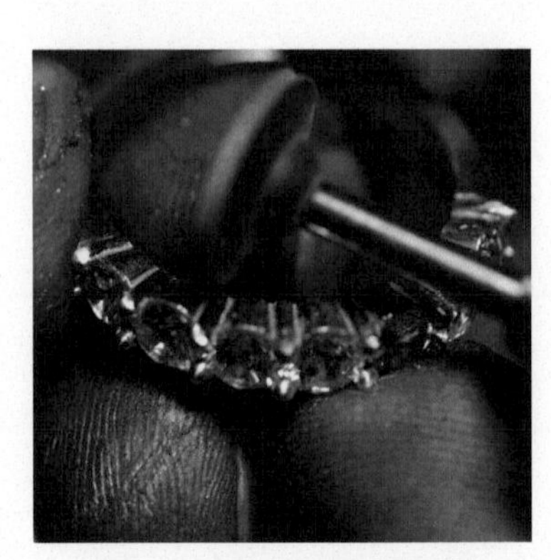
图 3-72 用修改后的橡胶轮打磨

10. 完成共爪镶戒指

制作完成的共爪镶戒指如图3-73所示。

图 3-73 完成共爪镶戒指

爪镶在首饰设计中的应用

爪镶结构简单、应用性强，因此在珠宝镶嵌中应用非常广，订婚戒指自然是爪镶用得最多的一类珠宝。因为这类珠宝首饰更加强调钻石或宝石本身的分量，视觉上以钻石或宝石为中心，因此简约牢靠的四爪镶、六爪镶就成为典型的订婚戒指的款式。

在爪镶中，对镶嵌结构进行优化设计，并成为经典之作的，莫过于蒂芙尼在1886年推出的皇冠六爪镶，该款式一经推出就成为婚戒中的经典。在皇冠六爪镶中，将爪镶的结构与皇冠的式样相结合，既美观又被赋予了一种高贵的寓意，在一个多世纪的岁月里持续被大众喜爱，也成为众多珠宝品牌效仿的对象，如图3-74所示。

对于大克重宝石的镶嵌，爪镶经常是首选。一方面，它能够最大限度地弱化金属、突出宝石，并具有较强的稳固性；另一方面，在基本的爪镶结构上很容易进行造型设计，如图3-75所示的这枚祖母绿钻石戒指，视觉中心的祖母绿被最大限度彰显出来，爪镶下丝带般的线条再一次烘托了视觉中心，同时又增添了细节的美感。

图 3-74

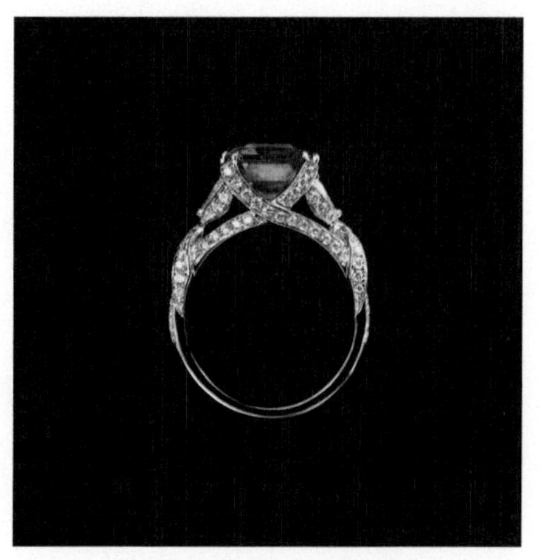

图 3-75 珠宝艺术家熊宸作品

爪镶的优势除了在镶嵌工艺上具有很强的实用性之外，它的灵活性也给予了设计师更多的发挥空间。例如独立设计品牌硬糖推出的“魔镜”系列，将爪镶的爪进行功能语境下的再设计，耳夹中的爪变成了如同动物爪子的模样，戒指款中爪镶的爪来自戒指如同枯枝般结构的延伸，更加生动地将结构与主石镶嵌融为一体，并且让人感觉到每一个细节都在契合主题中“魔镜”的神秘感。硬糖品牌“魔镜”系列如图 3-76 和图 3-77 所示。

图 3-76 硬糖品牌“魔镜”系列（一）

图 3-77 硬糖品牌“魔镜”系列（二）

在当代艺术首饰之中，爪镶除了是用于固定的结构外，很多时候也成为一个概念的主体，或极具象征性的部分。例如，艺术家 Nina Basharova 的艺术首饰作品 *Sugar and Barbed Wire Ring* 中将一个爪镶戒指中宝石的部分置换成一个心形的糖块，爪镶连同戒指部分用一个钢丝缠绕一体而成，爪镶部分更是做成钉子尖角的锋利模样。这个作品利用戒指中宝石与金属部分的结构隐喻了甜蜜与痛苦的关系，如图 3-78 所示。

再如新西兰首饰艺术家 Warwick Freeman 的作品——贝壳胸针，贝壳被打磨的形状和金属爪之间形成刻意的咬合关系，与宝石琢型形成的反差，耐人寻味，如图 3-79 所示。

图 3-78 Nina Basharova 的艺术首饰 *Sugar and Barbed Wire Ring*

图 3-79 Warwick Freeman 艺术首饰作品（V&A 博物馆收藏）

爪镶是一种能够产生非常丰富的变化，给设计师以很大的发挥空间的镶嵌方式。无论是在订婚戒指中爪镶结构优雅的微妙变化，还是在现代设计中富有想象力的发挥，都是基于其结构本身——金属与宝石最自然而自由的结构搭配。

第 4 章

起钉镶

CHAPTER 04

起钉镶与前文提到的包镶和爪镶相比，最大的不同在于包镶和爪镶是在建立一个独立的镶嵌宝石的金属结构，例如镶石托和戒指环可以理解为可分离的两部分，而起钉镶的原理像铲土机一样，在原有金属面上铲推出一圈金属钉结构，金属的总量并没有增加，只是利用金属的韧性改变金属所在的位置，从而镶嵌宝石。

起钉镶概述

起钉镶是指直接在金属表面用铲刀铲起金属，将铲起的金属聚拢修成圆滑的小钉，通过小钉对宝石的挤压以固定住宝石的镶嵌方式，如图 4-1 所示。起钉镶相较于包镶和爪镶，对初学者来说是有一定难度的，起钉镶中用铲刀铲起金属的这个重要工序并不是简单接触过金属工艺的学习者就能够得心应手的，需要有一定量的前期练习作为保障，或有雕金练习的基础。在下面示范案例中，也将以铲刀的使用练习作为开端。

起钉镶可以是单颗宝石的镶嵌，也可以是多颗宝石的镶嵌，多颗宝石金属钉排布有线形排列、三角排列、面状排列、不规则排列等。根据宝石数量和排列方式的不同，常见的有共钉、两粒钉、三粒钉、四粒钉、梅花钉和乱钉，其中两粒钉又可分为对头钉和斜对钉。从另一个角度来看，起钉镶又是非常灵活的，可以根据设计的需要在一件饰品上将不同的排列方式相组合，也可以根据宝石的变化在美观和稳固的情况下调整起钉的位置。金属对宝石只要有 0.02mm 的挤压就能够固定，所以起钉镶对设计的适应性也是很强的。

图 4-1 起钉镶戒指

起钉镶的前期准备

在进入练习之前，首先要制作铲刀。铲刀是镶嵌中一个必备的工具，在其他镶嵌方式中也会用到。例如包镶、爪镶后要用平头铲刀辅助修去多余的金属使其平整，但是对于起钉镶来说铲刀是最主要的工具，因此对使用铲刀的要求更高：一方面需要磨制不同形状的铲刀来适用于不同的情况，另一方面要根据使用者的手长来制作合适的铲刀。这个过程类似于工具的私人定制。铲刀在起钉镶中更像是手的一部分，好用的工具能达到事半功倍的效果，因此在所有练习之前的第一项工作就是为自己制作工具。另外，传统的起钉镶是木手柄，完全依靠手部力量来铲起金属，近些年应用于雕金工艺和镶嵌工艺中的气动雕刻机，能够有效地提高起钉镶的工作效率和效果。气动雕刻机如图 4-2 所示。

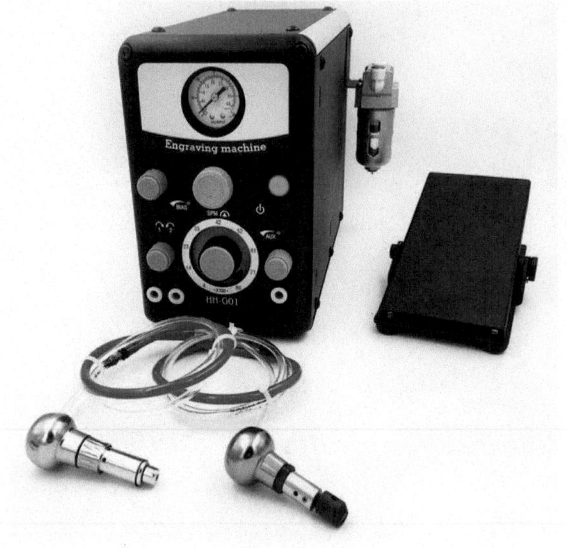

图 4-2 气动雕刻机

制作铲刀

首先要准备木手柄和铲刀，如图 4-3 所示。铲刀的形状有很多，如平头、尖角、圆形、菱形、弧形等，其中弧形、平头、尖角铲刀使用率较高，如图 4-4 所示，可以先准备三个作为练习使用。在未来的进阶过程中，可能会根据不同的需求继续磨制不同的刀头。

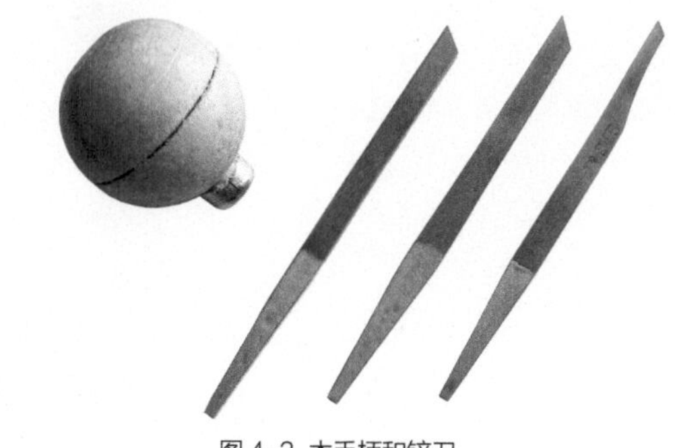

图 4-3 木手柄和铲刀

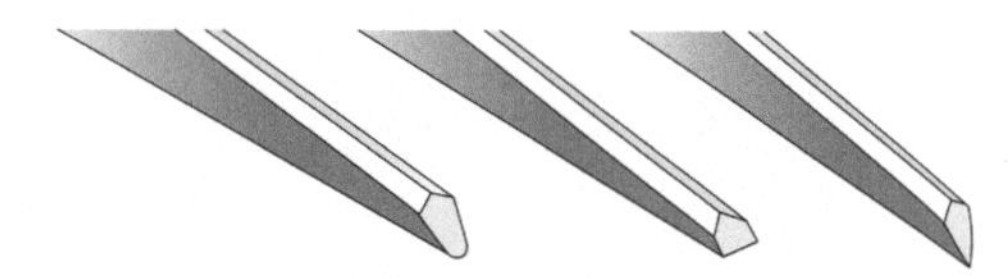

图 4-4 弧形、平头、尖角三种刀头

制作铲刀的操作步骤

1. 确定铲刀整体长度

铲刀由刀片和刀柄两部分组成，一般铲刀的长度在 10~13cm，要根据使用者的手长来确定长度。可以用铅笔之类的长条形物体，一端顶在掌心，另一端用食指和拇指夹住，在指尖处做标记，标记处到掌心的这段长度就是铲刀的整体长度，其实这也是模仿使用铲刀的姿势来确定的，如图 4-5 所示。

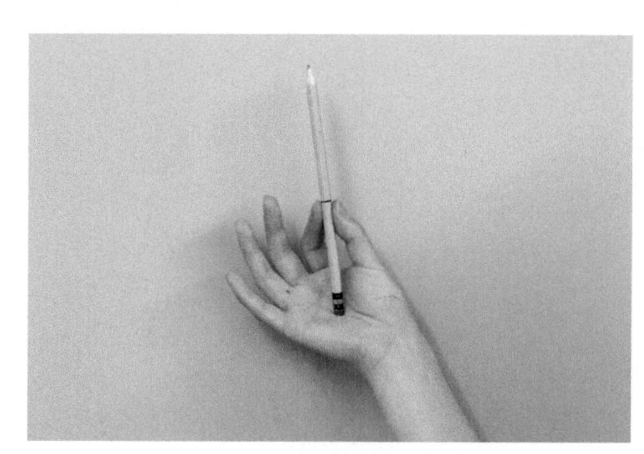

图 4-5 确定铲刀整体长度

2. 截取刀片

刀片长度为整体长度减去木手柄长度，再加上插入木手柄的 2cm 刀片的长度，如图 4-6 所示。明确了刀片的长度后，从刀片尾部用切割磨盘将多余的部分截去，如图 4-7 所示。注意在切割中如果手扶不稳可以用台钳固定，但是要将刀头一端用布包住，以免切割尾部时刀片飞落刮伤皮肤；切割过程中刀片会迅速升温，要及时蘸冷水或滴冷水以降温，尤其是在手握的情况下。切割后的刀片如图 4-8 所示。

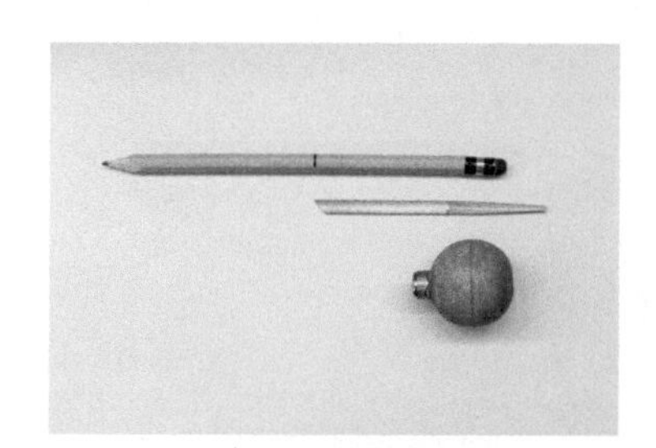

图 4-6 确定刀片的长度

图 4-7 截去刀片多余部分

图 4-8 切割后的刀片

3. 打磨刀片尾端

在切割后的刀片尾端两厘米处，打磨出从窄到宽的角度，以方便安装木手柄。注意使用打磨机的过程中，刀片温度会迅速升高，要准备冷水，随时为刀片降温，如图 4-9 所示。

图 4-9 打磨刀片尾部

4. 安装木手柄

安装木手柄，首先将要插进木手柄的刀片尾部磨成与初始状态一样的从细到粗的扁方形，再在木手柄上打一个深度约 2cm、直径约 0.5cm 的洞。准备好后将刀片水平夹在台钳上，要插进木手柄的一端从台钳侧面露出来，插入木手柄，并从木手柄尾端敲实，如图 4-10 所示。

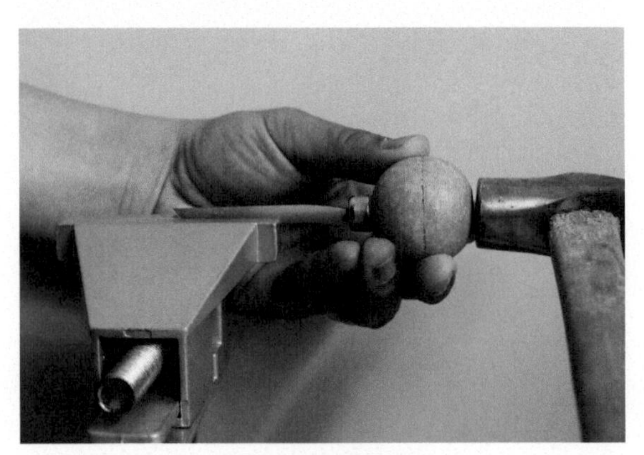

图 4-10 安装木手柄

5. 打磨刀背

安装好木手柄后用砂轮机打磨刀背，整个刀片是有一定宽度的，需要磨掉一部分刀背，使其渐变为较细而窄的刀头。刀背一般有两种风格：第一种风格是磨成一个凹弧形，打磨处长度约 2.5cm；第二种风格是将刀背磨成一个锥形，打磨处长度为 5~6.5cm。这两种风格都能有效地减少刀面尺寸，在使用上没有任何区别，如图 4-11 所示。无论使用哪种打磨风格都要注意将脊楞的锋利处处理圆滑，避免使用中刮伤手，总的来说刀背的处理和铲刀的长度处理一样，都要注重使用者的舒适度，因为它是个人化的工具。打磨刀背如图 4-12 至图 4-14 所示。

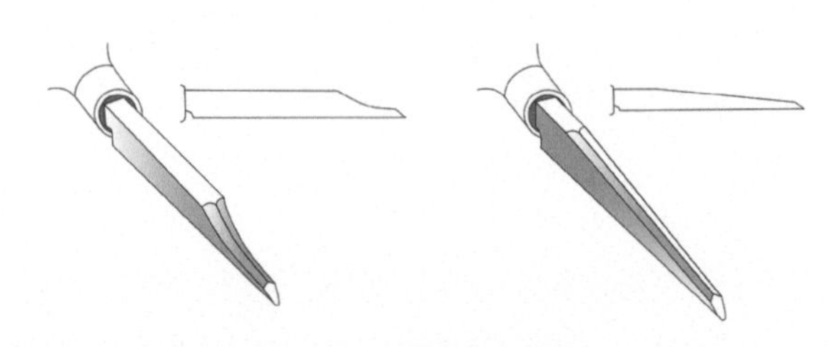

图 4-11 刀背的两种打磨风格

图 4-12 打磨刀背（一）

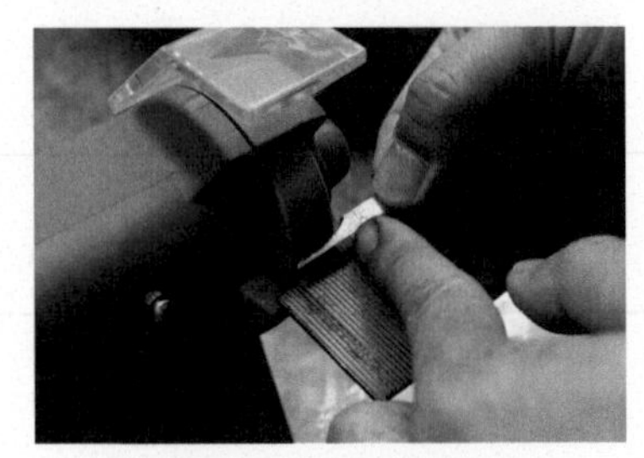

图 4-13 打磨刀背（二）

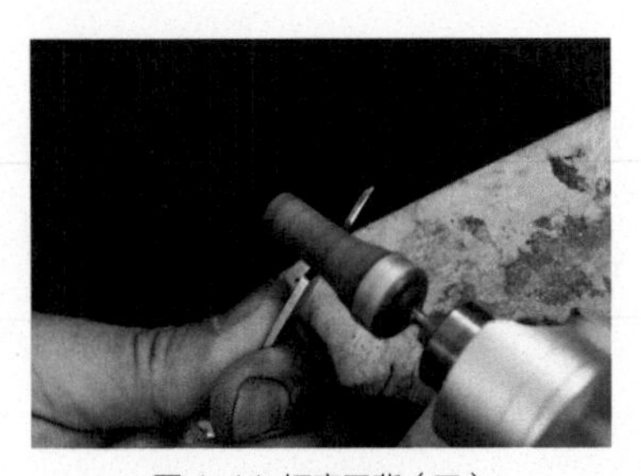

图 4-14 打磨刀背（三）

6．打磨刀头的要求

刀片的型号代表其形状和尺寸，进口刀片型号会非常具体，例如常用的有弧形 #52、平头 #42、尖角 #4。以上型号可以作为参考，相邻型号使用效果差别不大，可根据具体情况选择尺寸。

其中弧形铲刀一般用于起钉镶中铲钉，对它的硬度要求也比较高，弧形刀头侧面高度为 2~2.5mm，如果高度低于 2mm，刀刃的尖端就不够结实。弧形刀刃尖端的角度也是需要调整的，买的刀刃尖端角度应该是 45°，这个角度的刀刃很薄，相对也很脆弱，很容易在铲的过程中断裂。为了避免出现这种情况，必须将这个角度通过打磨调整为 55°~60°，如图 4-15 所示。

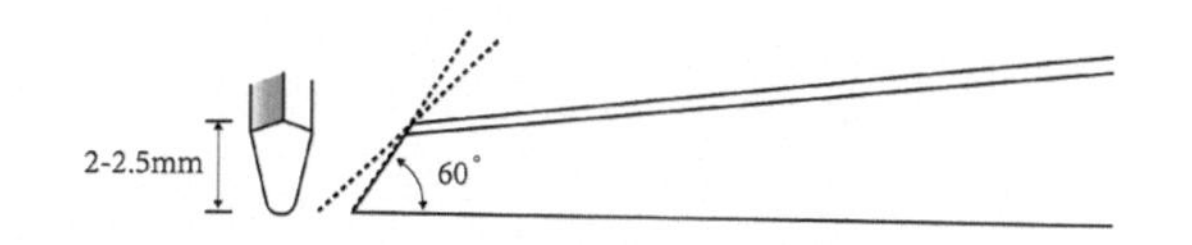

图 4-15 弧形刀头角度和尺寸

尖角铲刀的高度和弧形铲刀一样，为 2~2.5mm，尖角铲刀一般用于表面铲钉、铲线，切口相对较浅，由于施力较小，刀刃尖角的角度保持在 45°，不需要调整，如图 4-16 所示。

平头铲刀的功能很像木工中的刨子，主要用于铲边，通过反复刮划使金属表面变薄，修掉不平整的部分。由于平头铲刀几乎不需要施力，刀背可以磨得很薄，一般刀尖高度为 0.5~1.0mm，比较细小，因此打磨时要非常小心，如图 4-17 所示。

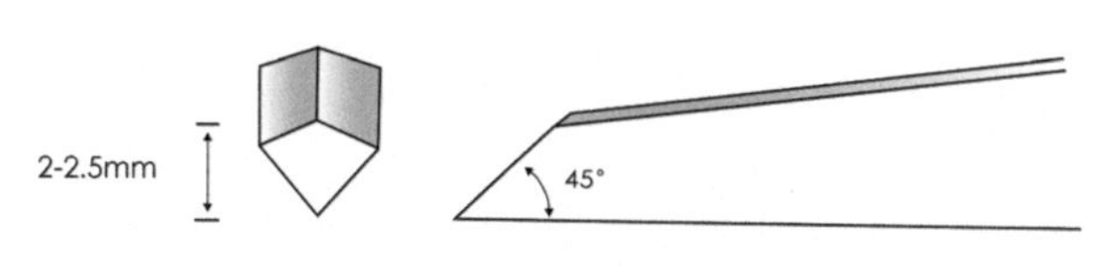

图 4-16 尖角刀头角度和尺寸

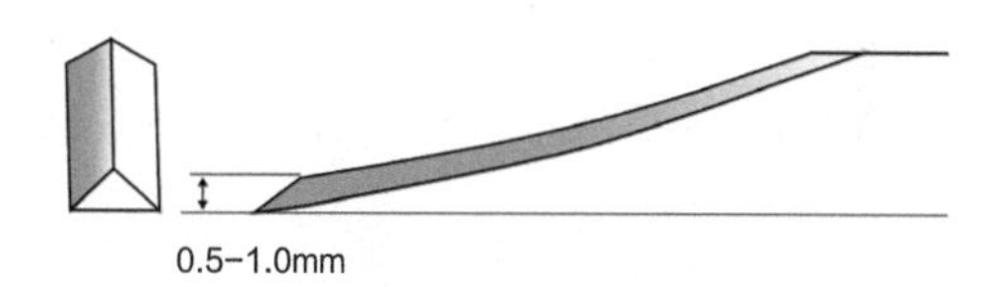

图 4-17 平头刀头尺寸

7．打磨刀头的方式

传统打磨刀头主要用油石配合打磨油或机车油进行。打磨刀头是使用油石将刀头调整至合适角度并锐化的过程。以弧形铲刀为例，需要打磨一个 55°~60° 角度的刀头，最常用也是最快捷的方法就是用食指和拇指扶稳刀头，手持铲刀找到所需角度，在油石上平稳地打磨，这种方式中最重要的是打磨中手要始终扶稳并用整个手臂带动手保持水平移动，不然就会使刀头磨成弧面，如图 4-18 所示。也有专用于确定刀头角度的工具——磨刀角度器，这种工具对经验不足的初学者，能帮助其准确确定角度，并且保持平稳，如图 4-19 所示。也有使用吊机带动磨刀盘的方式打磨刀头的，其效率更高，但是对于角度较难把控，因此也可以磨刀盘打磨后再配合油石打磨，如图 4-20 所示。

图 4-18 用油石打磨刀头角度

图 4-19 磨刀角度器

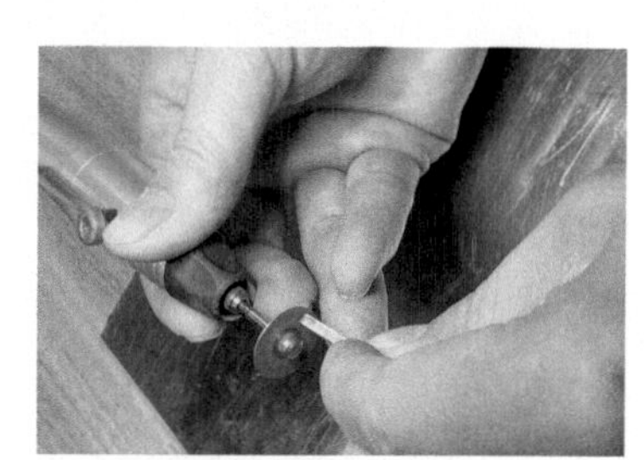
图 4-20 磨刀盘打磨刀头

8．完成刀头磨制

完成刀头锐化后要将边缘的毛刺打磨掉，以免在使用过程中影响效果。最后可以将锐化后的刀头垂直顶在指甲上，如图 4-21 所示，如果有阻挫感即可，如果不够锐利则刀头会打滑。

图 4-21 试刀头

铲刀使用练习

初学者在起钉镶练习之前对铲刀的使用练习是必不可少的，掌握正确的用刀姿势和用刀方法后，通过具体的练习熟悉不同刀型的效果。对铲刀的使用有一定熟练度之后再练习起钉镶将事半功倍。

用刀姿势

1．正确的握刀姿势

正确的握刀姿势和用力方法，可以有效地提高效率和安全性。首先将木手柄握在掌心，手掌的包裹给木手柄以稳固的后推力。然后将拇指放在刀头处，拇指指尖与刀头大概齐平，这是在制作铲刀中已经调整的长度，只要抓握姿势正确就能够有如此效果。拇指顶在刀头，后面几根手指以较为舒适的姿势握住木手柄，其中食指在刀头向下约 2/3 处顶住刀片，与拇指成相对的力量。在此姿势下，尖角铲刀的尖部是向下的。正确握刀姿势如图 4-22 至图 4-24 所示。

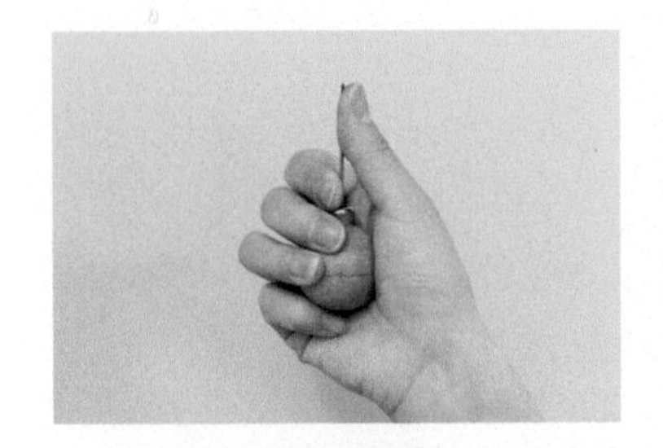

图 4-22 握刀姿势（一）

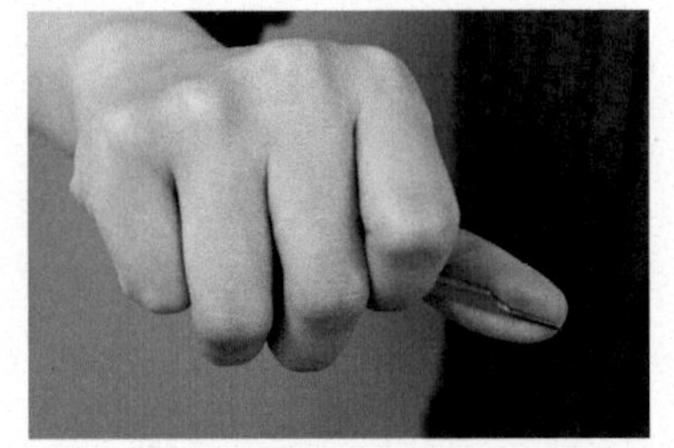

图 4-23 握刀姿势（二）

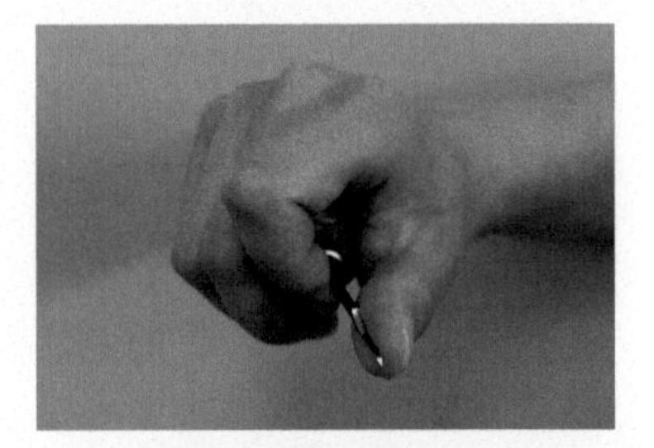

图 4-24 握刀姿势（三）

2．正确的用刀姿势

刻线时，握铲刀的右手拇指抵在金属面上，以更好地控制刻线的方向和力度，左手则扶稳火漆球或镶石座，可以将左手拇指抵住右手拇指，这样刀头的移动会更加可控和稳定，如图 4-25 所示。使用铲刀要时刻注意保护手，因为铲刀是十分锋利的，很容易戳伤皮肤。因此，两个拇指要平稳配合，避免刀尖打滑；扶火漆球或镶石座的左手要靠下，不要放在刀尖前方。

图 4-25 正确的用刀姿势

铲线练习

1．准备金属板

首先准备紫铜板或银板，厚度不小于 1.3mm，示范案例中使用的是边长为 3cm、厚度为 2mm 的紫铜板，如图 4-26 所示。在使用之前先将金属板表面打磨平整，但不需要抛光，丝绢或磨砂效果更有利于观察铲线的纹路。

2．准备刀具

铲直线和楔形线均可使用尖角铲刀，如图 4-27 所示。

图 4-26 准备金属板

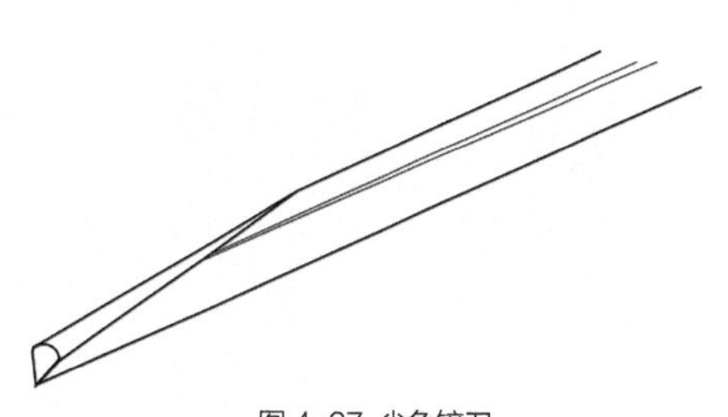

图 4-27 尖角铲刀

3．铲直线用刀角度

铲直线起刀时先以 45° 的角度向下铲，再逐渐压低到刻线角度以平稳地向前推铲刀。铲线过程中注意到达刻线角度以后，尽量少用压力引导刀头，避免切得太深，这个练习的目的是铲出宽度和间距均匀的细线。在铲到线条尾部的时候停止向前的推力，不要让刀头的角度改变，将手在放松的状态下，刀尖向上剔除刻下的金属丝。铲直线用刀角度如图 4-28 所示。

4．铲楔形线用刀角度

由于楔形有一个宽窄的变化，并且该变化是均匀过渡的，因此根据要铲的楔形线的长度来控制铲刀角度均匀变化是练习的重点和难点。首先将铲刀的角度控制在与水平面呈 8° 夹角的位置，然后以均匀的力度向前推，在推进的过程中，要根据所刻线条的长度调节压力的变化速度。通过多次练习，尝试做到每个楔形尾部的宽度是一致的。铲楔形线用刀角度如图 4-29 所示。

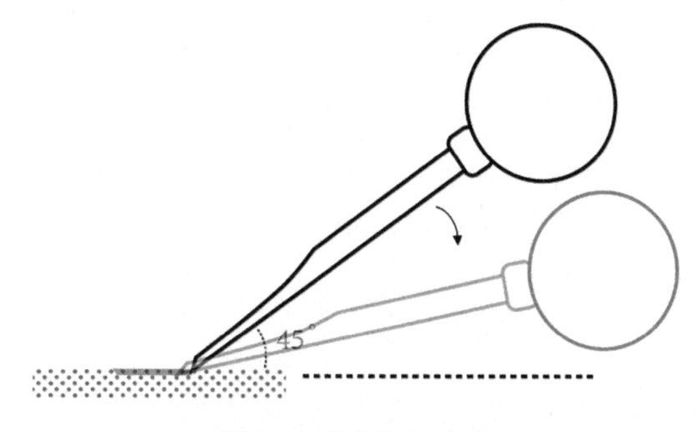

图 4-28 铲直线用刀角度

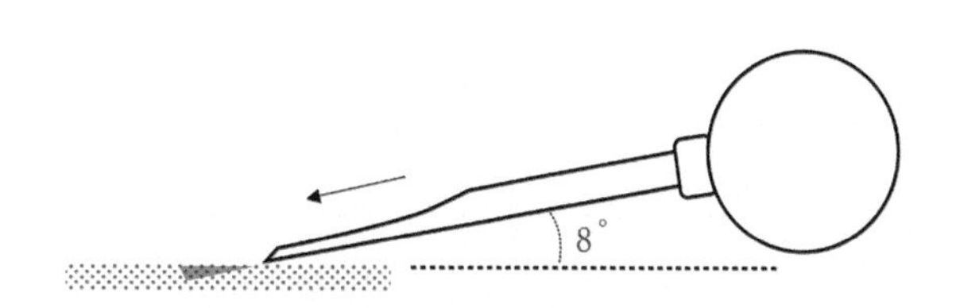

图 4-29 铲楔形线用刀角度

5．吸珠

所谓吸珠是将铲起来的金属用能包含金属钉尺寸的吸珠针压磨成圆滑的小半球状态，这个小半球就是起钉镶的“钉”。与爪镶的吸珠不同的是，爪镶中吸珠前金属爪已经牢固地镶嵌住宝石了，吸珠只是一个美化的过程，而起钉镶的吸珠的过程中修饰和美化金属钉只是一方面，更重要的一方面是用吸珠针挤压和磨珠的过程实现宝石的镶嵌，这也是为什么爪镶吸珠用吊机带动吸珠即可，因为只起到打磨作用，而起钉镶要用木手柄吸珠针利用手的力量来实现。吸珠针是钢制的，头部是各种尺寸的碗状的半球凹槽，如图 4-30 所示。吸珠的直径要选择与所铲金属体量合适的，太小包含不住，太大做不出圆钉的效果。吸珠的使用首先是一个下压的动作，将吸珠的“碗状”扣在铲起的金属尖上下压，然后旋转式地压磨金属钉，直至其变成一个圆滑的钉状为止，如图 4-31 所示。

图 4-30 吸珠针

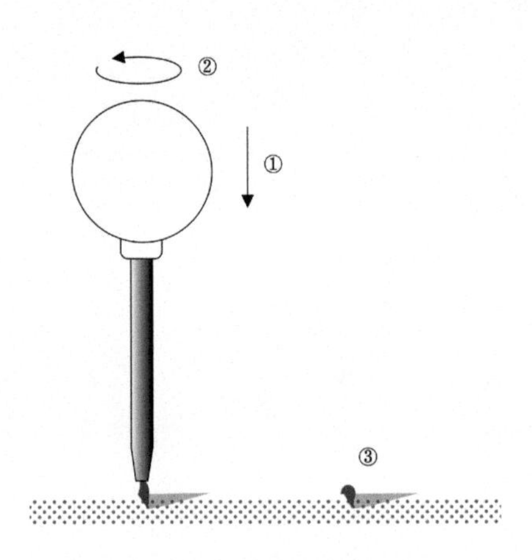

图 4-31 吸珠

6．完成铲刀使用练习

完成的铲刀使用练习如图 4-32 所示。

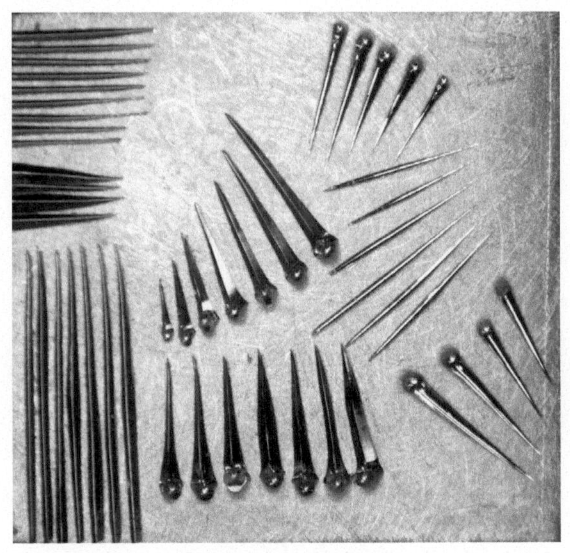

图 4-32 完成铲刀使用练习

起钉镶的制作方法

在有了起钉镶工具的准备知识，以及刀法的练习之后，再进入起钉镶制作的练习会轻松很多。起钉镶的方式因钉的数量、处理方式和宝石排量方式的不同，也是很多样的，后续的微镶将起钉镶的方式进一步延展，有很多相似之处。在起钉镶的练习中将以八芒星钉镶和明亮式方形四钉镶这两个典型的单宝石起钉镶案例作为示范。在掌握了起钉镶的基本技法的前提下，宝石不同排列方式的钉镶也是很容易理解和运用的，常见的起钉镶式样如图 4-33 所示。

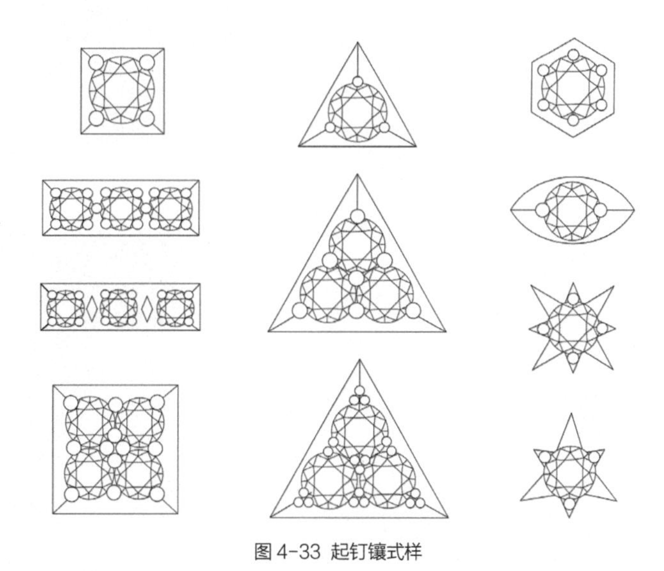

图 4-33 起钉镶式样

八芒星钉镶制作步骤

1. 材料准备

金属板使用银板或紫铜板均可，金属板的厚度要多出宝石的高度 0.3~0.5mm。本案例使用厚度为 2mm 的紫铜板和直径为 2.5mm 的圆形刻面宝石进行示范，如图 4-34 所示。

2. 准备工具

刀具主要使用尖角铲刀，如图 4-35 所示。

图 4-34 准备金属板和宝石

图 4-35 尖角铲刀

3. 固定金属

先将紫铜板固定在镶石座上，并标记镶嵌位置，如图 4-36 所示。

图 4-36 固定金属

4. 打孔

在要镶嵌的中心位置用 1mm 的钻头钻孔，如图 4-37 所示。

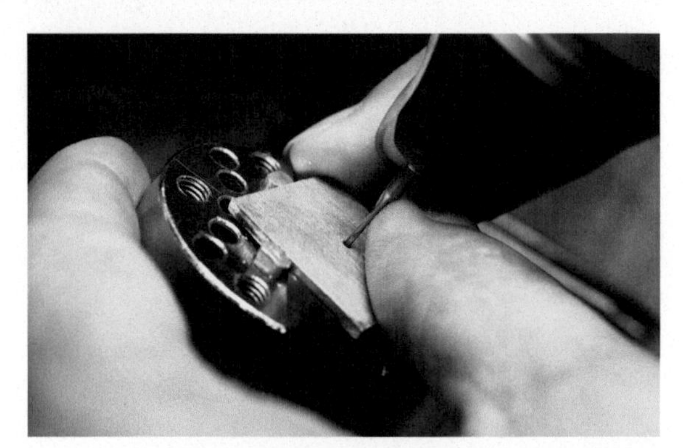

图 4-37 打孔

5. 扩孔

用球针扩孔，扩孔是球针从小到大逐渐将孔扩大的过程，例如用直径 1.5mm、直径 2mm、直径 2.5mm 的钻头依次扩孔，扩孔深度约为球针一半，不宜过深，如图 4-38 所示。

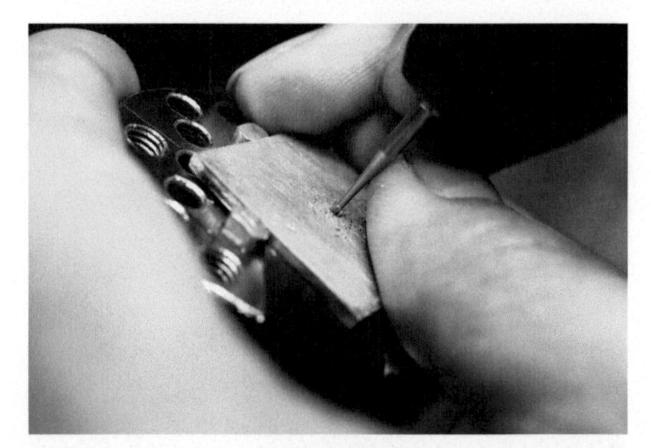

图 4-38 扩孔

6. 清理石位

将扩好孔的石位上残留的金属粉末用毛刷清理干净，如图 4-39 所示。

图 4-39 清理石位

7. 试石

将宝石放入石位，观察孔的深度是否合适。合适的深度是宝石冠部的 25% 露出金属表面，如果深度不够可以继续用球针加深，如图 4-40 所示。

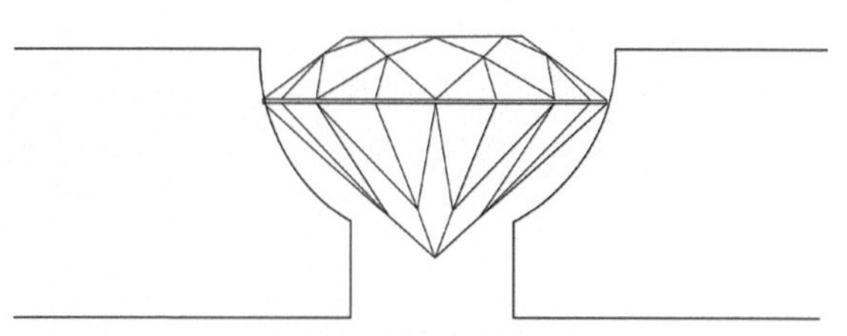

图 4-40 合适的石位深度

8. 做标记

用方形模板尺在石位外缘做标记，画出十字辅助线，以确定铲钉的位置和方向，如图 4-41 所示。

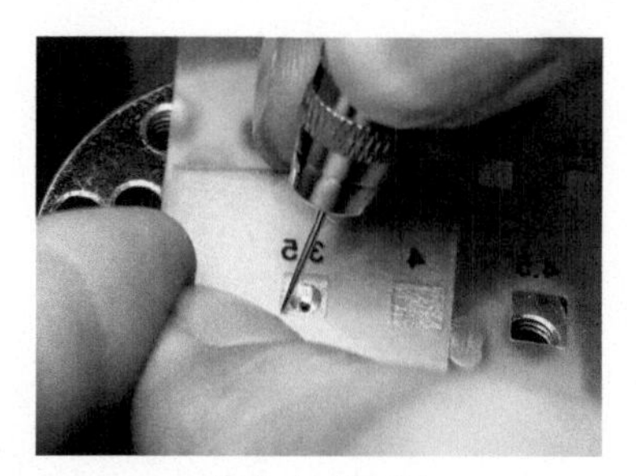

图 4-41 做标记

9. 铲楔形装饰

八芒星钉镶中有四个楔形的角作为装饰，在下石之前先把四个楔形装饰铲好，以对角的顺序铲起，更有利于四角对称，如图 4-42 至图 4-44 所示。

图 4-42 铲四个楔形装饰（一）

图 4-43 铲四个楔形装饰（二）

图 4-44 铲四个楔形装饰（三）

10. 下石

将宝石水平放入石位，如图 4-45 所示。

图 4-45 下石

11. 铲钉

四个钉的位置与楔形装饰交叉，形成 45° 角的平均分割。铲钉时依然以铲楔形的方式，推至靠近石位位置停止，保留铲起的金属，并以对角的顺序铲起，如图 4-46 和图 4-47 所示。

图 4-46 铲钉（一）

图 4-47 铲钉（二）

12. 剪钉

铲起的金属过长，需要用剪钳剪掉多余的部分，如图 4-48 所示。

图 4-48 剪钉

13. 吸珠与镶石

选择合适尺寸的吸珠针对金属钉进行吸珠处理，同时完成对宝石的镶嵌，如图 4-49 所示。

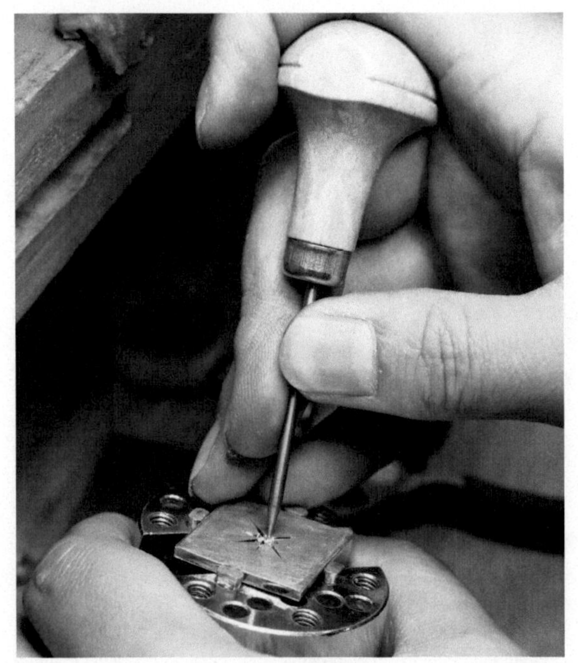

图 4-49 吸珠与镶石

14. 完成八芒星钉镶

将边缘做简单的处理后八芒星钉镶完成，如图 4-50 所示。

图 4-50 完成八芒星钉镶

明亮式方形四钉镶制作步骤

1. 材料准备

金属板采用银板或紫铜板均可，金属的厚度要多出宝石的高度为 0.3~0.5mm。本案例使用厚度为 2mm 的 925 银板和直径为 2.5mm 的圆形刻面宝石，如图 4-51 所示。

图 4-51 材料准备

2. 固定金属

先将金属板固定在火漆球上，并用钢针在金属板上标出要做起钉镶的位置，如图 4-52 所示。

图 4-52 固定金属

3. 打孔

用约 1mm 的钻头在镶石中心位置打孔，如图 4-53 所示。

图 4-53 打孔

4. 扩孔

用球针扩孔，扩孔是球针从小到大逐渐将孔扩大的过程，如图 4-54 所示。

图 4-54 扩孔

5. 清理石位

用毛刷将石位的金属粉末清理干净，如图 4-55 所示。

图 4-55 清理石位

6. 试石与下石

将宝石放入石位，观察孔的深度是否合适，合适的深度是宝石冠部的 25% 露出金属表面。

孔的深度合适后，将宝石坐入石位。下石注意保证宝石处于水平状态。试石与下石如图 4-56 所示。

图 4-56 试石与下石

7. 起钉位

用平头铲刀在圆形宝石外垂直铲出方形的四角，这是对接下来起钉的位置和铲边位置的标记，也可以用方形模板尺标记。起钉位、铲石位和铲石位示意图分别如图 4-57 至图 4-59 所示。

图 4-57 起钉位

图 4-58 铲石位

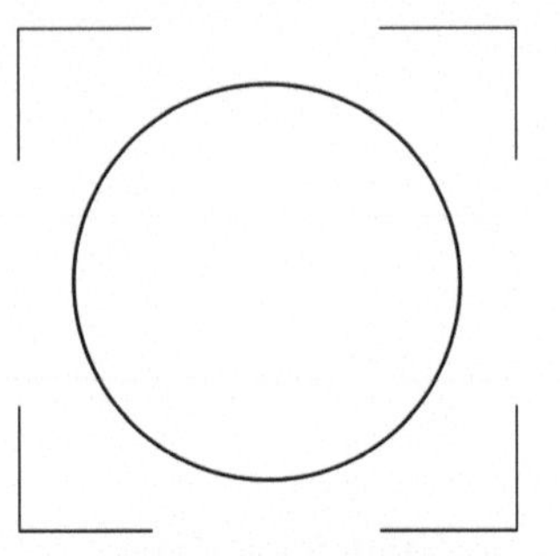

图 4-59 铲石位示意图

8. 铲钉

用弧形铲刀从方形的四个角向中心方向铲钉，到金属钉贴近宝石边缘时，逐渐将铲刀立起，压向宝石。这里依然是以对角线的顺序将四个钉铲起，如图 4-60 和图 4-61 所示。

图 4-60 铲钉

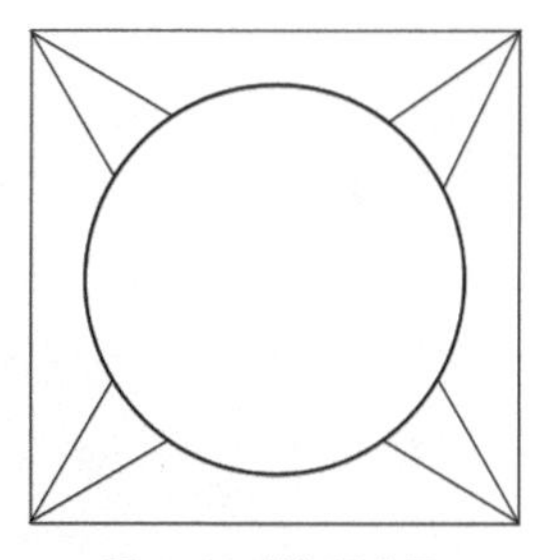

图 4-61 铲钉示意图

9. 吸珠与镶石

选择合适尺寸的吸珠针旋转向下压磨金属钉，直至其形成光滑的圆形钉并镶嵌住宝石，如图 4-62 和图 4-63 所示。

图 4-62 吸珠与镶石

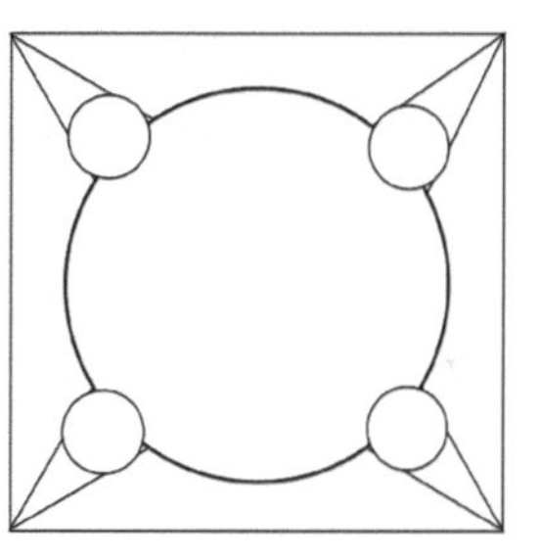

图 4-63 吸珠位置示意图

10. 铲边并完成明亮式方形四钉镶

宝石已经被金属钉固定，接下来是将周围金属处理漂亮。使用平头铲刀沿宝石外方形轮廓，铲出一个向下坡度的方盒形。从一个角开始沿直边铲过去，过程中避开圆形钉和宝石。铲边后完成的明亮式方形四钉镶如图 4-64 所示。

图 4-64 完成明亮式方形四钉镶

起钉镶在首饰设计中的应用

起钉镶在珠宝首饰的发展中是一种具有悠久历史的镶嵌方式，它在金属层面工艺性很强。刀具铲推金属的动作，使金属具有雕刻感，宝石在其中更显庄重。因此起钉镶很多时候是单颗宝石的镶嵌，其目的也是突出镶嵌中的雕刻感、工艺感。在今天的工业生产环境下，由于起钉镶的工艺性所带来的时间成本和工艺成本高，所以只在一些金属艺术家的作品或少数高级珠宝品牌中才能看到，例如宝格丽 MARRY ME 钻石婚戒，是近年来少见的用起钉镶来镶嵌钻石的款式，整个设计庄重而内敛。在古董珠宝中，起钉镶还是较为常见的，例如图 4-65 所示的梵克雅宝于 1940-1950 年制作的耳饰，上面所有的红宝石都用起钉镶的方式镶嵌，手工感十足，雕刻的痕迹增加了装饰的层次。再如图 4-66 所示的这款 1880 年的手镯，其中几何排列的钻石和珍珠都用起钉镶的方式镶嵌，增添了整个饰品的厚重感。

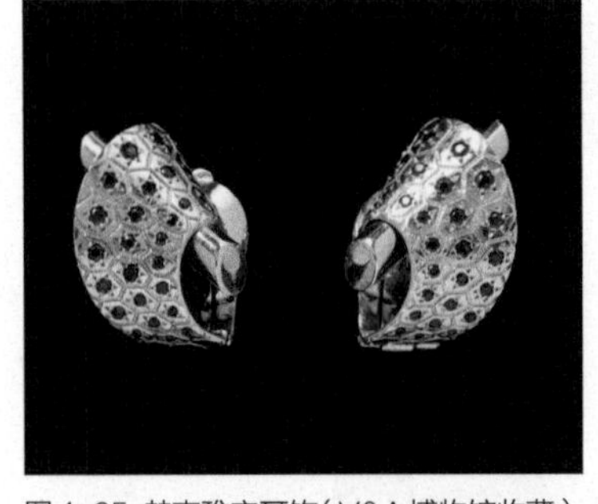

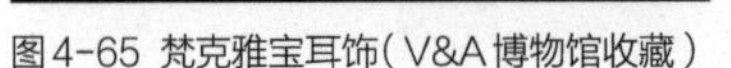

图 4-65 梵克雅宝耳饰（V&A 博物馆收藏）

图 4-66 手镯（V&A 博物馆收藏）

在一些古董怀表和腕表的镶嵌中，起钉镶也是很受大家青睐的，因此在古董怀表和腕表中，雕金、珐琅、起钉镶是常用的装饰工艺。如图 4-67 所示，这块收藏于英国 V&A 博物馆的 18 世纪初的怀表中，时间刻度之间的宝石全部用明亮式方形四钉镶的方式镶嵌。如图 4-68 所示的戒指表制作于 1925 年，在长 2.6cm、宽 2.2cm 的尺寸之间，铲边所勾勒的轮廓线下镶嵌钻石，使造型显得小巧而饱满。今天，在伯爵（PIAGET）这一类珠宝腕表品牌中，起钉镶的运用依然是较多的，虽然制作手段已经越来越丰富，但是人们依然热衷于工艺气质与腕表的精密机械之间的契合感，并且工艺感所带来的持久的魅力和审美价值，也是起钉镶多被运用于珠宝腕表及高级珠宝设计中的原因。

起钉镶必然是镶嵌工艺中较难掌握的，但起钉镶的工艺流程也涵盖了大部分镶嵌工艺的基础，在镶嵌工艺中具有很强的代表性。虽然由于效率的原因多出现在高级珠宝中或配合微镶出现，但是仍然经常能够看到一些设计是对经典起钉镶款式的秉承，除了在婚戒中常有出现，也会出现在一些艺术首饰或很有创意的设计中，例如图 4-69 所示的这款戒指中，就将起钉镶很好地融合在戒指的造型中。因此对于工艺的学习是否能够发挥最大作用，很多时候在于如何应用，工艺的创新不止在于创造新的制作方法，也在于寻找新的工艺应用角度。

图 4-67 怀表（V&A 博物馆收藏）

图 4-68 戒指表（V&A 博物馆收藏）

图 4-69 起钉镶戒指

第5章

微镶

CHAPTER 05

微镶是一种和起钉镶类似的镶嵌方式，微镶基于它应用的需要对起钉镶进行了制作上的简化，因此与起钉镶在制作的具体方式、工具的使用和应用范畴上还是有很多不同的。微镶在宝石镶嵌领域也得到了广泛运用，并自成体系。

微镶概述

在工艺技巧上微镶与起钉镶有很多相似之处，大体原理都是直接在金属面上将金属铲切成小钉，再通过将钉压磨成光滑的半球以挤压宝石的方式起到镶嵌的作用，如图 5-1 所示。不同的是微镶所针对的是小克拉宝石的大面积镶嵌，宝石通常不超过3分，较小的尺寸在镶嵌中肉眼是无法清楚地看到的，因此整个镶嵌过程要借助显微镜来进行；微镶中更多的时候是用飞碟或牙针打掉多余金属，配合吸珠使钉略压住宝石就可以了，所以效率相对起钉镶较高。微镶的优势在于具有美观性，小颗粒的宝石通过密集的排列方式表现出璀璨的效果，另外它灵活的排列也给设计提供了更多的可能性，不同的排列方式带来不同的微镶款式。

图 5-1 CINDY CHAO 高级珠宝（V&A 博物馆收藏）

微镶的制作方法

常见的微镶款式有密钉镶、虎口镶、铲边镶、雪花镶等，如图 5-2 至图 5-5 所示。密钉镶是微镶中较为常见的款式，主要遵循横竖平行或者横排错位两种规律进行排列，形成整齐排列成面的效果。下面将对密钉镶横竖平行排列和横排错位排列分别示范，两个案例虽然相似，但是制作方法中具体的操作却用不同的方式展示，初学者可以结合两个案例寻找适合自己的工具来具体操作。

图 5-2 密钉镶

图 5-3 虎口镶

图 5-4 铲边镶

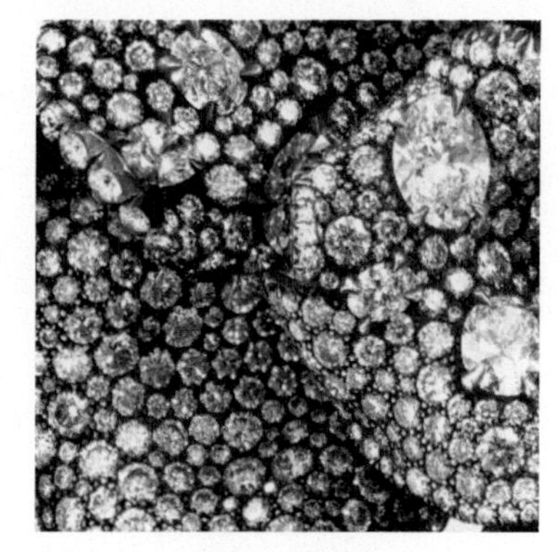
图 5-5 雪花镶

显微镜的使用方法

微镶中最重要的一种设备就是显微镜，微镶的制作，不使用显微镜是无法做到漂亮和标准的，甚至是无法完成的。其他镶嵌方式中如果涉及较小的宝石或精细的环节也需要使用显微镜。微镶显微镜的使用并不复杂，通过三步完成：首先调好显微镜的高度，一般物镜与镶嵌目标之间距离 15cm 左右；其次根据自己的瞳距调节目镜距离；最后通过调焦旋钮调节目镜的焦距，能清楚看到放大后的镶石位后就可以开始进行微镶的工作了。微镶显微镜如图 5-6 所示。

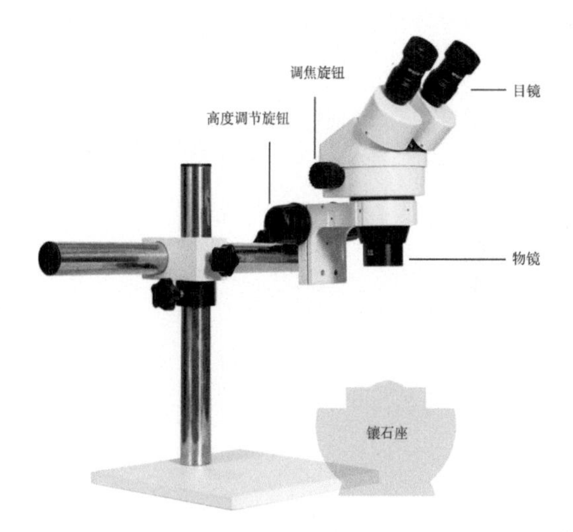

图 5-6 微镶显微镜

横竖平行排列密钉镶制作步骤

1．材料准备

本案例中使用直径为 2mm 的圆形刻面宝石。微镶的宝石较小，不像起钉镶、抹镶需要一定的金属厚度，但依然需要强调的是金属厚度要大于宝石高度。材料准备如图 5-7 所示。

图 5-7 材料准备

2．固定金属

将金属板固定在火漆球上，如图 5-8 所示。

图 5-8 上火漆

3．标注镶石位

9 颗直径为 2mm 的宝石在金属上排列成方形，宝石之间保持 0.15~0.25mm 的间隔。用分规或直径为 2mm 的吸珠针在金属表面标记出宝石的位置，图 5-9 所示是标注的镶石位。

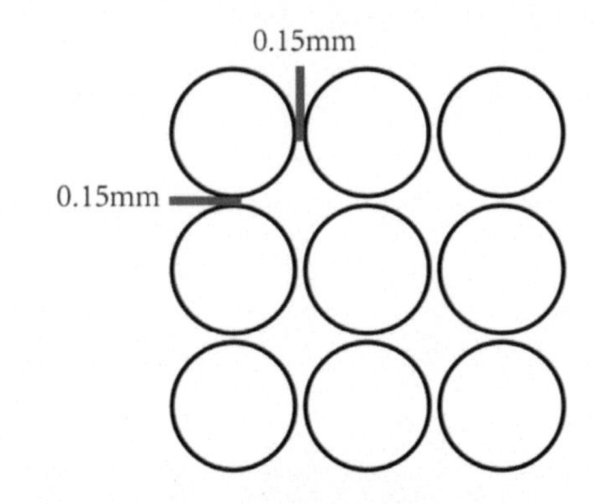

图 5-9 标注镶石位

4．扩石位

扩石位方法参照起钉镶，用与宝石尺寸一致的球针扩石位，用球针按从小到大的顺序扩孔，如图 5-10 所示。微镶中，由于宝石较小，可以不打透孔洞，直接用球针扩孔也是可以的。本案例中采用不打孔的方式，如果打孔则需要在扩孔之前打孔。

图 5-10 扩孔

5．试石

扩孔后将宝石放入石位中试石位大小，标准为宝石顶面与金属齐平，或最多露出亭部的四分之一高度，如图 5-11 所示。

图 5-11 试石

6. 准备工具

除了显微镜是必需器械之外，飞碟也很重要，需要选用尽量薄的飞碟。如果手头没有足够薄的飞碟，可以根据需要自行调整和修改，如图 5-12 所示。微镶所需铲刀刀头也要更小一些。至于飞碟的厚度是否合适可以将飞碟放在石位上通过视觉对比做出判断。

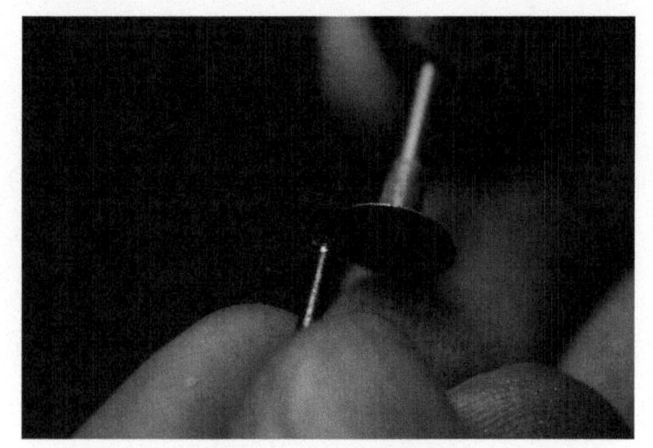

图 5-12 修改为薄飞碟

7. 车线

使用准备好的薄飞碟在显微镜下车线。所谓车线就是用飞碟在金属表面打出凹槽线，这一工序其实类似于简化的起钉镶铲钉。车线的顺序为：先围石位轮廓线车线一周，再将每排石位之间的临界处车一条临界线，最后将两个石位相切位置的金属车掉，如图 5-13 至图 5-15 所示。

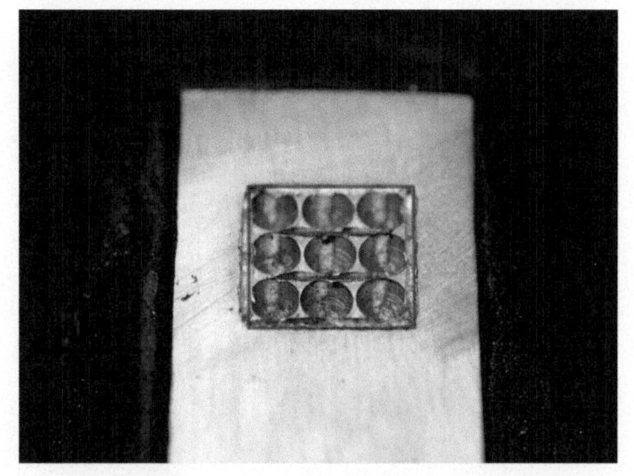

图 5-13 车轮廓线和临界线位置

图 5-14 车轮廓线和临界线

图 5-15 车掉石位相切位置的金属（标红处）

8. 铲槽

借助铲刀将车出来的浅槽铲深、铲平整，使每个槽的深浅一致，如图 5-16 所示。

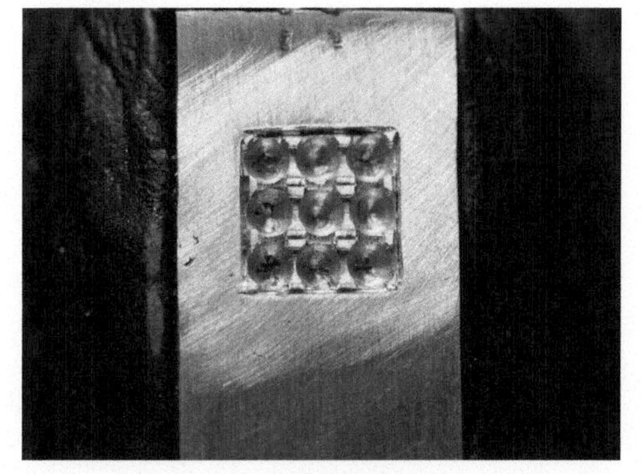

图 5-16 铲槽后的石位

9. 下石

将宝石下入石位，一般从中间开始，下石后调平宝石顶面，如图 5-17 所示。

图 5-17 下石

10. 分钉

在车线留下的钉位上，用平头铲刀与槽十字交叉，从中间一分为二铲开，中间的钉被分成四瓣，四周的钉被分成两瓣，分钉也是将钉向宝石挤压的过程，如图 5-18 和图 5-19 所示。图 5-20 所示的红色线为铲刀分钉位置。图 5-21 是分钉完成后的样子，宝石已经被初步镶嵌住。

图 5-18 铲钉

图 5-19 铲刀分钉挤压金属

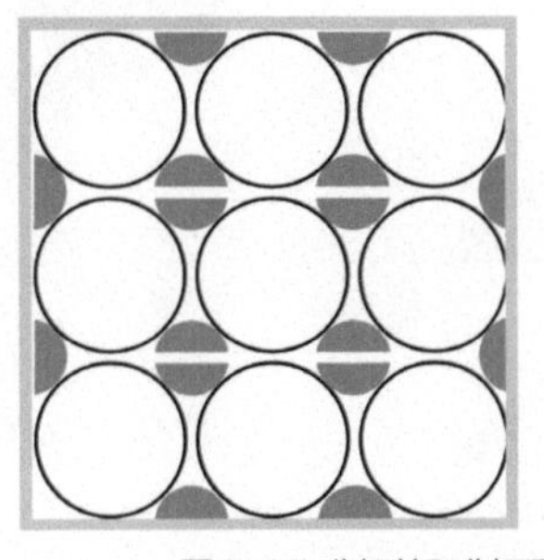

图 5-20 分钉前和分钉后示意图（红色线为分钉位置）

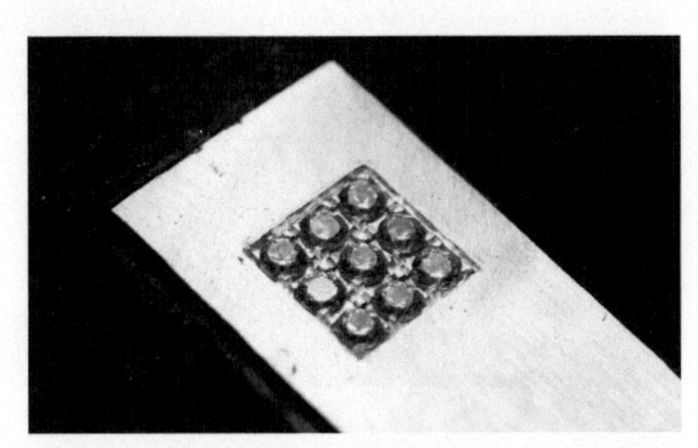

图 5-21 分钉完成

11. 吸珠

选择合适的吸珠针吸珠。吸珠是再次压紧宝石，最终镶嵌住宝石的过程，因此在旋压吸珠针的过程中，要控制金属钉使其向宝石中心方向挤压，如图 5-22 所示。

图 5-22 吸珠

12. 完成横竖平行排列密钉镶

用铲刀将吸珠后多余的钉屎铲去，并将金属板四周边缘铲平整，保证整体效果的干净美观，如图 5-23 所示。

图 5-23 完成横竖平行排列密钉镶

横排错位排列密钉镶制作步骤

1. 准备材料与固定金属

此案例中使用直径为 1.5mm 的圆形刻面宝石，错位排列成三角形。金属厚度依然要大于宝石高度，案例中使用厚 1.5mm 的紫铜板，然后将金属板固定在镶石座上。所准备的金属与宝石如图 5-24 所示。

2. 标注镶石位

用直径为 1.5mm 的吸珠针在金属表面标记出宝石的位置，将宝石在金属上错位排列成三角形，宝石之间保持 0.15~0.25mm 的间隔，如图 5-25 和图 5-26 所示。

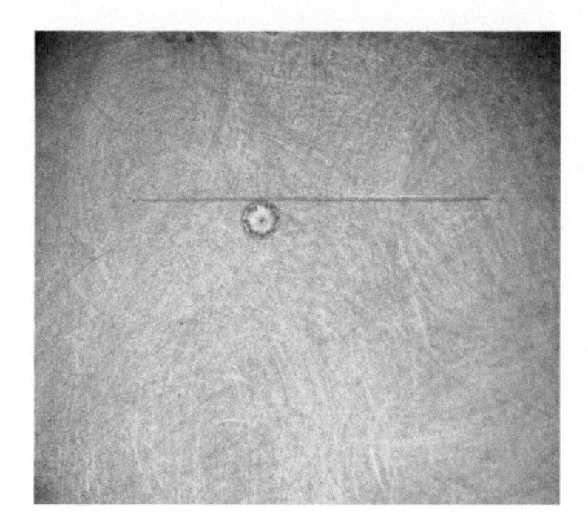

图 5-24 金属与宝石

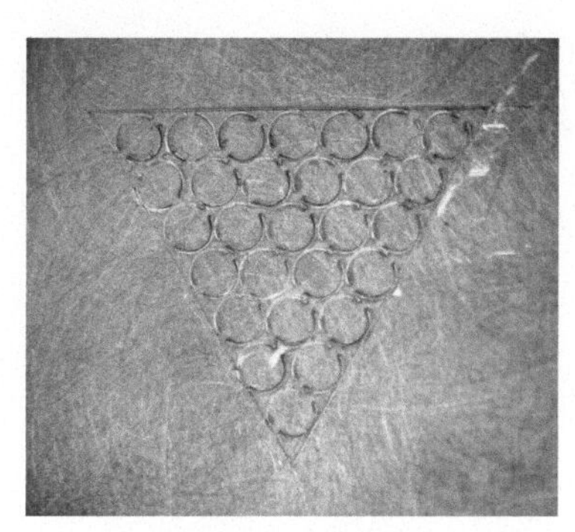

图 5-25 错位排列宝石

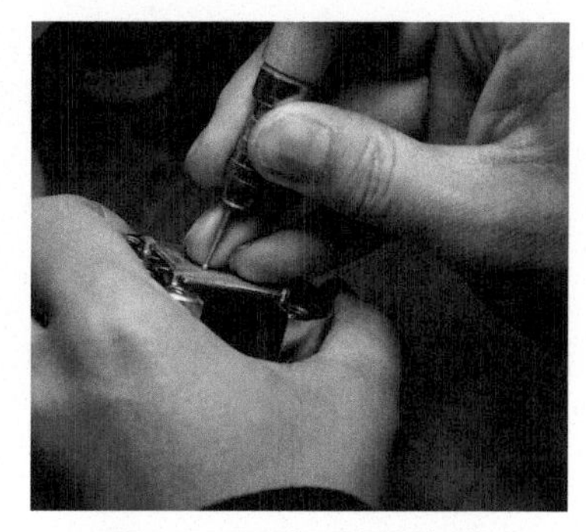

图 5-26 用吸珠下压标注镶石位

3. 钻孔

此案例采用钻孔后扩孔的方式开石位。先用约 0.7mm 的球针在每个圆心处打出凹槽，再用约 0.7mm 的钻头钻孔，如图 5-27 和图 5-28 所示。用球针打凹槽的目的是准确打孔，避免把孔打偏。

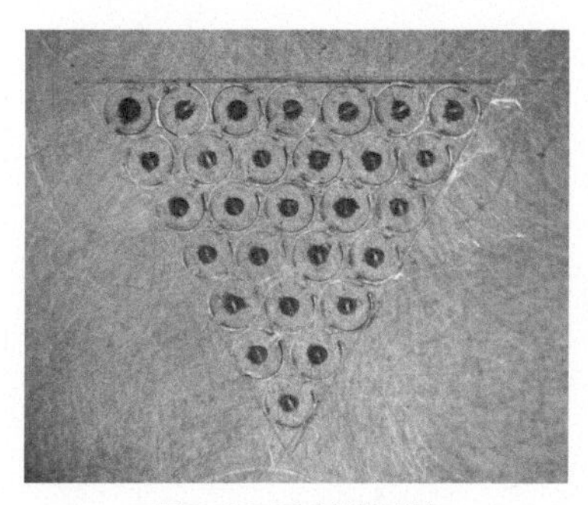

图 5-27 用球针打凹槽

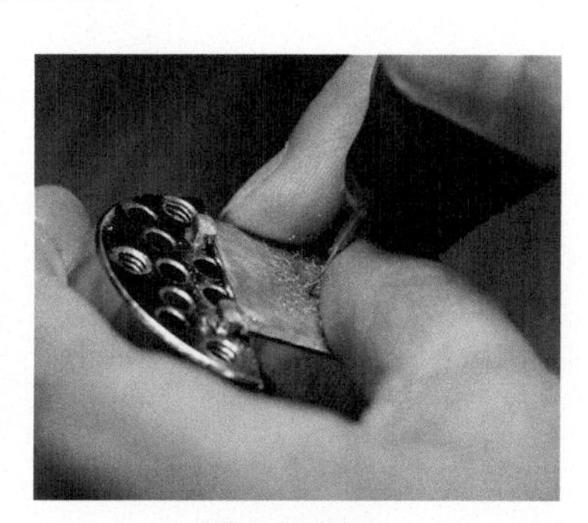

图 5-28 钻孔

4. 铲线

用尖角铲刀沿三角形边缘线铲出边缘线，该步骤也可以用飞碟车线，如图 5-29 至图 5-31 所示。

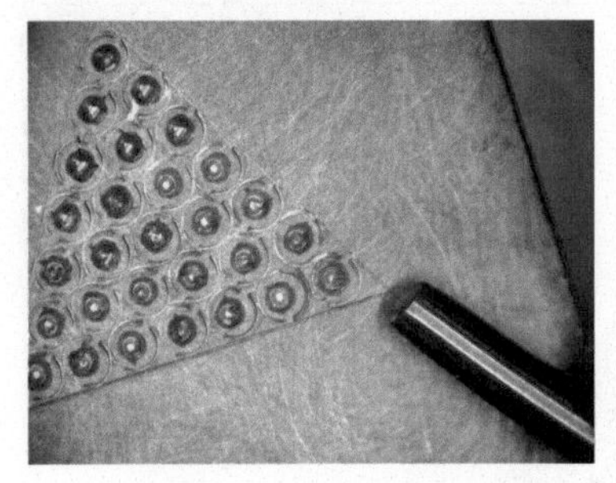
图 5-29 尖角铲刀铲线

图 5-30 铲边缘线

图 5-31 完成铲边缘线

5. 扩孔

用球针扩孔，球针尺寸按从小到大的顺序逐渐将孔扩至直径为 1.5mm，如图 5-32 所示。

6. 试石

扩孔后将宝石放入石位中试石位大小，标准为宝石顶面与金属齐平，或最多露出亭部的四分之一高度，如图 5-33 所示。

图 5-32 扩孔

图 5-33 试石

7. 铲边缘槽

用平头铲刀先将边缘的宝石与三角形边缘线相切位置的金属铲掉，如图 5-34 和图 5-35 所示。

图 5-34 铲边缘槽

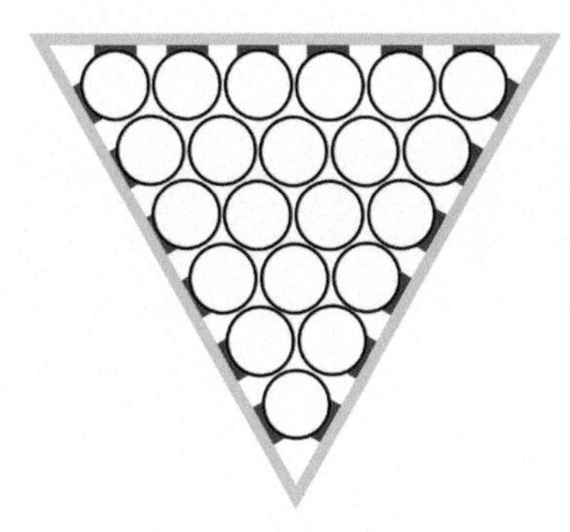
图 5-35 铲边缘槽示意图（红色为铲掉部分）

8. 开中间槽

用牙针开出宝石之间的槽，此处也可以用轮针，如图 5-36 至图 5-39 所示。

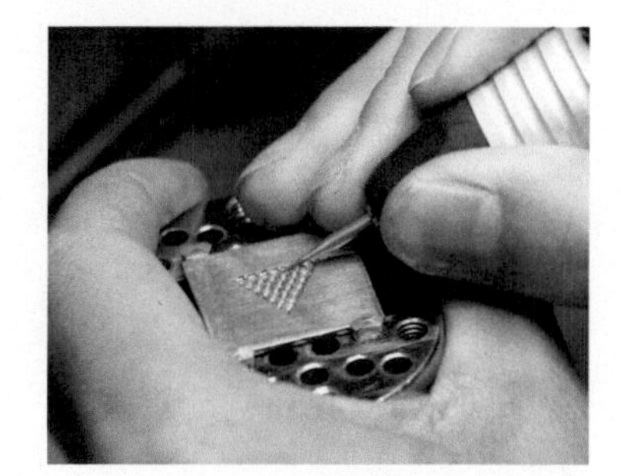

图 5-36 牙针开槽（一）

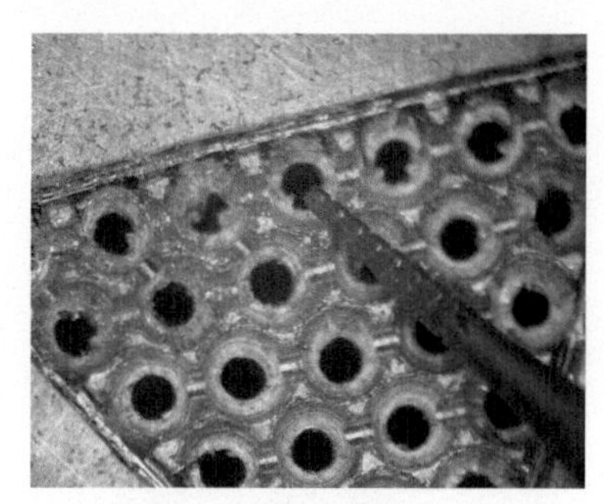

图 5-37 牙针开槽（二）

图 5-38 开槽完成（一）

图 5-39 开槽完成（二）

9. 下石

先将一排宝石水平放入石位中，吸珠后再放下一排，如图 5-40 所示。

图 5-40 下石

10. 吸珠

放好的一排宝石，先用吸珠镶好内侧一排钉，按顺序将每一排钉吸珠完成，再将边缘钉吸珠，如图 5-41 所示。钉的挤压关系如图 5-42 所示，此案例中除了三个角的钉以外，每颗钉挤压两颗宝石。钉的挤压关系依据排列的关系而定，如果是较为紧密的排列，中间位置的一颗钉可以同时挤压三颗宝石；如果是较为松散的排列，也会有空钉不用于挤压宝石而完全作为装饰。

图 5-41 吸珠

图 5-42 钉的挤压关系

11. 完成横排错位排列密钉镶

制作完成的横排错位排列密钉镶如图 5-43 所示。

图 5-43 完成横排错位排列密钉镶

微镶在首饰设计中的应用

微镶与起钉镶原理是基本一致的，制作手法有所差别，主要取决于宝石的大小。同时，宝石的大小也决定了视觉效果导向的差异，起钉镶中金属钉是一个与宝石有呼应作用的存在，是镶嵌的一部分；而微镶则是为了使小克拉的宝石排列在一起，用整体较小克重的宝石形成大片的璀璨效果。因此很多情况下两种镶嵌方式同时出现，或是处于难以明确区分的状态。图 5-44 所示的这款铂金钻石头冠，其中微镶和铲边镶交织呈现。

以珠宝艺术家熊宸的“蔓园系列”为例，如图 5-45 和图 5-46 所示，《蔓园 - 叶涧》和《蔓园 - 绽放》两款珠宝，一个饱满端庄，一个灵动自由，宝石材料都使用到了祖母绿和钻石，但是从主石的琢型到配合周围的微镶的造型，在创作者不同的运用手法下呈现出截然不同的意境。珠宝首饰的创作语言固然是有其材料本身的局限性的，但正是在这有限的材料和工艺下，不断地进行创新和突破，才使得珠宝在不同的时代恒久地焕发着魅力。

图 5-44 铂金钻石头冠（V&A 博物馆收藏）

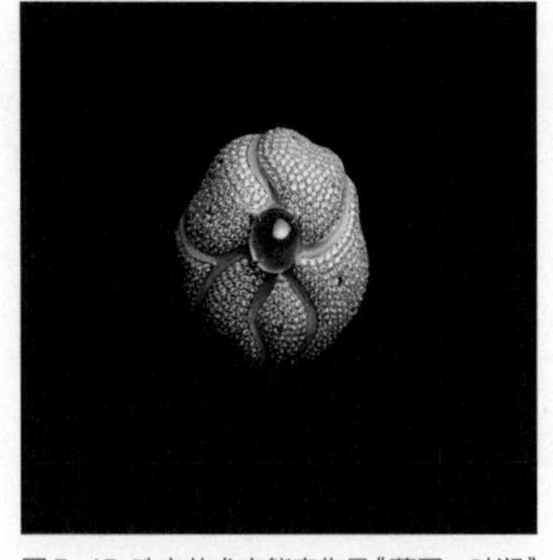

图 5-45 珠宝艺术家熊宸作品《蔓园 - 叶涧》

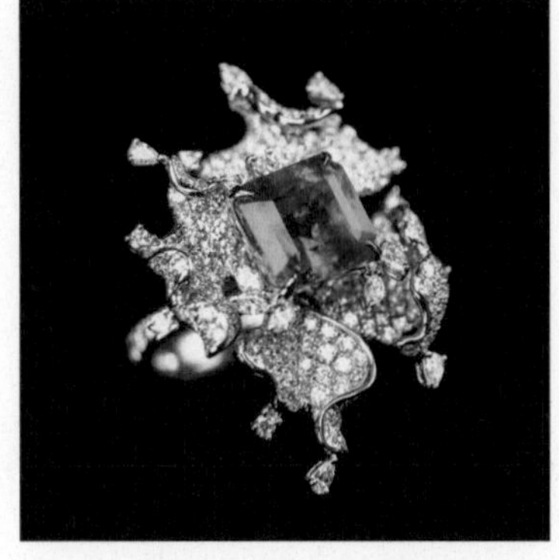

图 5-46 珠宝艺术家熊宸作品《蔓园 - 绽放》

图 5-47 所示是一件设计和制作于 1930-1940 年的铂金钻石胸针，其收藏于英国 V&A 博物馆，蝴蝶结主体用圆钻进行错位排列密钉镶，在对称规整的造型下，密钉镶的规律的宝石排列方式，更适合表现整件珠宝稳重的形态。相比之下，同样是以蝴蝶结作为设计灵感的这款 CINDY CHAO 珠宝，如图 5-48 所示，整个蝴蝶结呈现飘逸的状态，雪花镶的镶嵌方式加强了蝴蝶结起伏的质感，宝石尺寸的错落，形成光感的差异，使得这件珠宝显得更加生动。

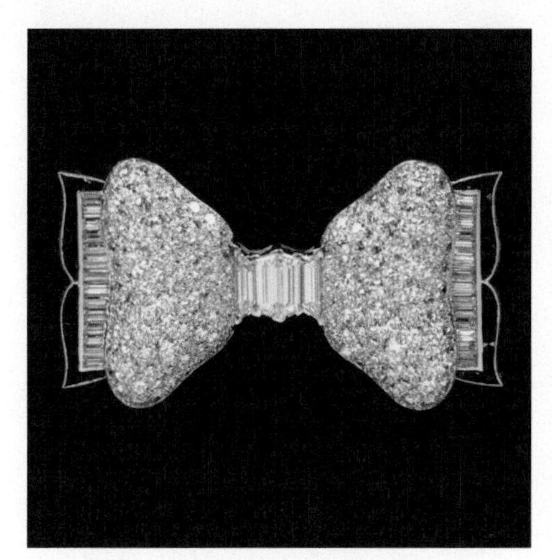

图 5-47 铂金钻石胸针（V&A 博物馆收藏）

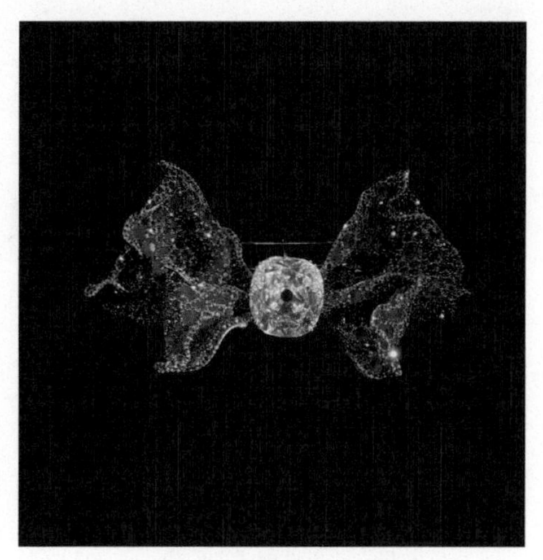

图 5-48 CINDY CHAO 高级珠宝

微镶在珠宝中的运用是非常高效而夺人眼球的，大克重的宝石固然珍贵而难得，但是对宝石的光彩的需要并不能仅靠大克重的宝石来满足，大克重的宝石在完美的切工下可以展现夺目的光辉，小克重的宝石以密集感和流动性形成的美感也别具特色，而且对于设计而言更具发挥空间。不同的镶嵌方式服务于不同的宝石，也服务于不同的设计，如图 5-49 和图 5-50 所示。

图 5-49 Cindy Chao 高级珠宝

图 5-50 Glenn Spiro 高级珠宝（V&A 博物馆收藏）

第 6 章

抹镶与吉普赛镶

CHAPTER 06

抹镶和吉普赛镶通过在已有金属结构上对金属做减法制作出镶石托，不增加额外的结构。例如在戒指环上打出凹槽作为镶石托，这一点与起钉镶、微镶有共通之处，但是抹镶和吉普赛镶是对宝石边缘一圈的固定，而不是点状固定，因此更能实现宝石和金属浑然一体的效果。

抹镶和吉普赛镶概述

抹镶和吉普赛镶在今天的很多设计中从外观特征来看是非常相似的，经常被统称为抹镶，因为它们都是在金属表面打孔形成下沉的石位，再挤压宝石周边金属进行固定，而不去增加额外的金属结构的镶嵌方式。抹镶与吉普赛镶虽看似相似，实则各自所应用的宝石类型和制作方式还是有一定差异的，吉普赛镶多用于较大颗的宝石和体量较大的饰品中，抹镶则以镶嵌小颗刻面宝石为主。因此两种镶嵌方式呈现的效果也是截然不同的，吉普赛镶中宝石较为突出，给人以奔放夸张的感受，而抹镶中宝石与金属几乎在同一平面，因此也被叫作齐平镶，其镶嵌效果简约内敛。很多时候抹镶是配合主体的一个点缀。抹镶戒指和吉普赛镶戒指分别如图 6-1 和图 6-2 所示。

图 6-1 抹镶戒指

图 6-2 吉普赛镶戒指（V&A 博物馆收藏）

抹镶的制作方法

抹镶又被叫作齐平镶，它的特点之一是外观上宝石顶面与金属基本齐平，也就是宝石的高度要小于金属的厚度，如图 6-3 所示，因此其在材料的选择上与吉普赛镶相比是较为局限的，效果的限定使得抹镶使用较小颗粒的圆形刻面宝石居多。抹镶中金属对宝石的包裹感更强，有浑然一体的效果。相对于吉普赛镶的粗犷，抹镶的精致简约在近年的珠宝首饰设计中尤其受到喜爱。

图 6-3 抹镶戒指

抹镶的制作步骤

1. 材料准备

案例中宝石使用直径为 1.5mm、高度约 1.1mm 的圆形刻面宝石，戒指壁厚度为 1.5mm，戒指宽度为 4mm，戒指壁厚度大于宝石厚度，如图 6-4 所示。注意在此环节要对戒指进行初步执模。

图 6-4 金属与宝石

2. 增加金属厚度

金属的厚度要能够保证宝石不露底，如果金属厚度不够，可采取在镶石位置增加一个金属片或金属环的方式解决，所加的用于增加厚度的金属片或金属环，尺寸要大于宝石直径。图 6-5 所示的三种增加金属厚度的方式，前两种是焊接金属片的方式，第三种是焊接金属环的方式。但是如果是在戒指上做抹镶，就最好保证戒指厚度足够镶宝石，不采用垫片的方式，垫片易影响美观。此处与吉普赛镶非常不同，吉普赛镶一般是根据宝石准备金属，而抹镶更多的情况是根据金属的厚度配宝石。

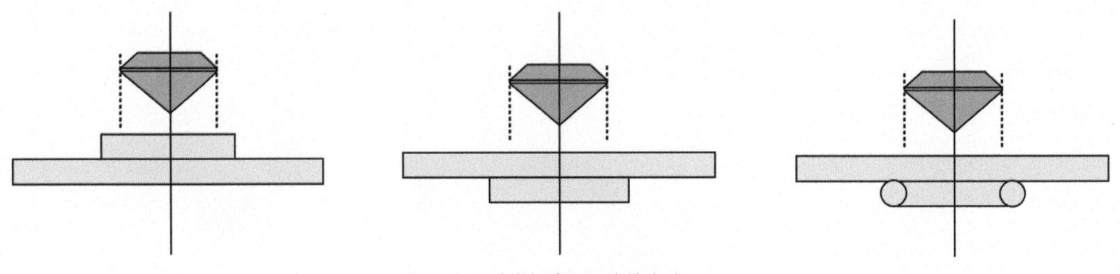

图 6-5 三种增加金属厚度的方式

3. 打孔

先用约 0.8mm 的钻头在镶石位中心位置打孔，如图 6-6 所示。

图 6-6 用钻头打孔

4. 扩石位

用球针或梨形针在孔上扩石位，如图 6-7 所示。针头尺寸的使用遵循从小到大的原则，最后用到与宝石直径一致的针头时，针头尺寸不能比宝石直径大。石位与宝石腰棱接触紧密在抹镶中十分重要，不然就会出现镶不住的情况。球针钻孔深度基本为球针直径一半多一点，石位深度应保证宝石顶面与金属基本处于同一平面，因为高出太多镶不住，太低会掩盖宝石光芒。深度是否合适可以将宝石放进石位验证，深度不够可以修改，因此石位不宜一次打太深。石位剖面图如图 6-8 所示。

图 6-7 用球针扩石位

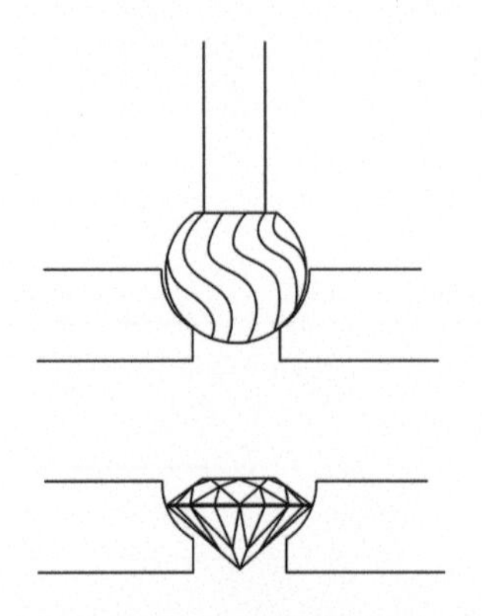

图 6-8 石位剖面图

5. 固定金属

扩好石位后将金属固定在戒指镶石座上，如图 6-9 所示。

图 6-9 固定金属

6. 飞碟开槽

球针扩石位后，可以再用直径略大于宝石直径的飞碟在球针所打孔洞上方外延打磨出一个向下的坡度，这样镶嵌时方便挤压金属，如图 6-10 和图 6-11 所示。这一步骤在抹镶中是可以省略的，这个环节针具的使用方法并不是唯一的，除案例的使用方法外，可以只使用球针，也可以用梨形针配合球针，亦可以使用钻石针，目的都是能够形成一个平稳的能架住宝石的阶梯和有金属挤压面的镶石位。

图 6-10 用飞碟开槽

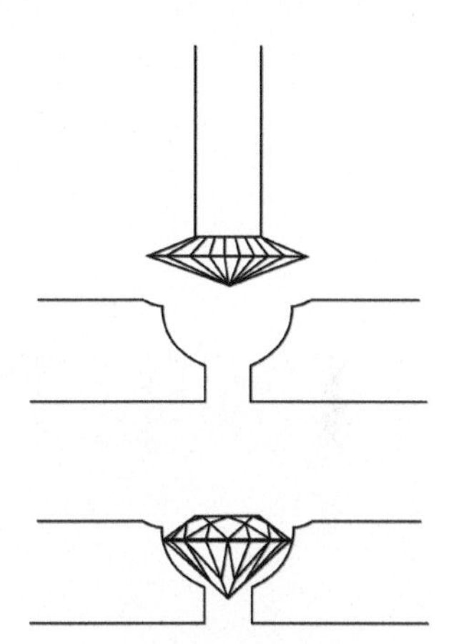

图 6-11 飞碟开槽剖面图

7. 下石

下石的原则是宝石顶面与金属面平行，即宝石顶面与金属面几乎在同一平面。由于抹镶的宝石颗粒较少，可以打磨一个小的平头针，在针头上蘸橄榄油之类的无害油脂来粘起宝石下石，如图 6-12 所示。

图 6-12 下石

8. 观察宝石

下石后观察宝石，确定宝石是水平的且石位深度合适，如图 6-13 所示。如果下石的位置歪斜，宝石镶嵌后也会是歪斜的状态，不美观；石位过深会掩盖宝石的风采，且很可能漏底；石位过浅，用于挤压宝石的金属量不够，可能会镶嵌不稳或镶不住。正确与错误的下石方式如图 6-14 所示。

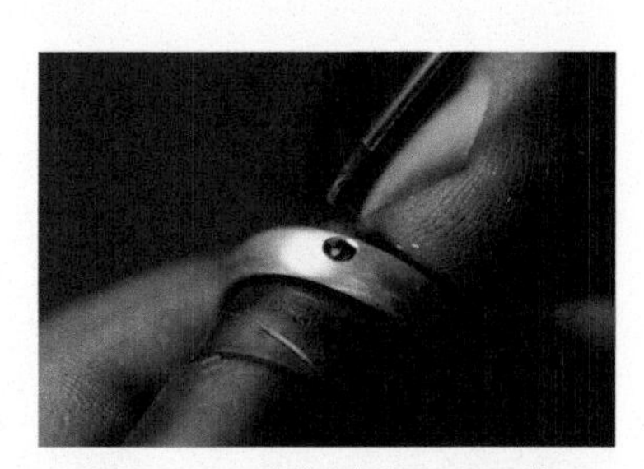

图 6-13 下石后观察宝石是否平整

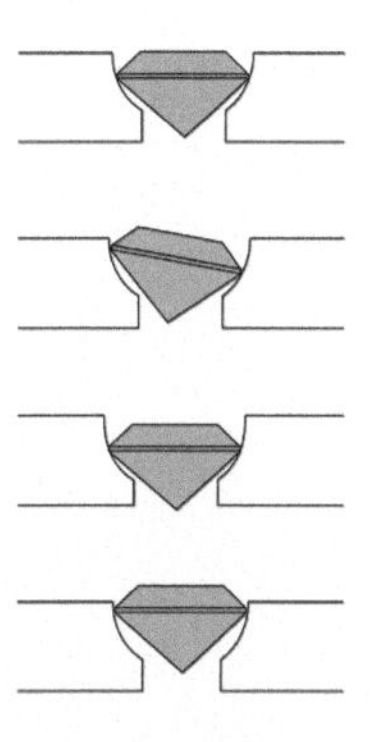

图 6-14 正确下石、下石歪斜、石位过深、石位过浅

9. 准备镶石工具

抹镶所用的针具需要自行打磨，用废旧的钢针尺寸就非常适合，用砂轮机和锉刀磨出所需的形状，再用砂纸卷及抛光轮层层打磨至光滑，最后将打磨好的针具固定在木手柄或锁嘴上使用，方便抓握和施力。抹镶针具样式如图 6-15 所示。

图 6-15 抹镶针具样式

10. 镶石

使用钢针沿镶口内圈与宝石台面成约 45° 角用力转圈擀压金属，使金属压向宝石的腰位上部，旋转式擀压的过程中，钢针逐渐由倾斜变为垂直，如图 6-16 至图 6-18 所示。不用飞碟开槽的金属擀压方式亦是此角度和顺序。

图 6-16 镶石

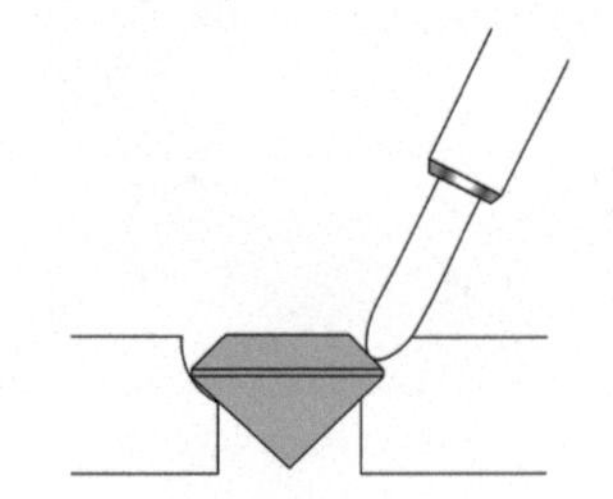

图 6-17 钢针以倾斜角度挤压

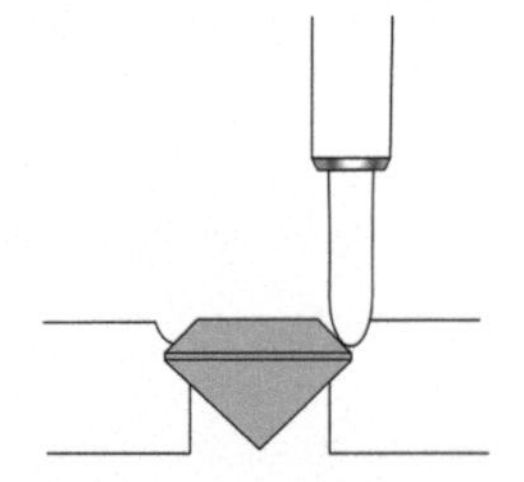

图 6-18 钢针以垂直角度挤压

11. 完成抹镶戒指

抹镶的执模工作其实是在镶石之前就基本完成了的，因此留在镶石之后的主要是镶石位边缘的修整清理工作，完成效果如图 6-19 所示。

图 6-19 完成抹镶戒指

吉普赛镶的制作方法

说到吉普赛镶，我们不由得会从吉普赛的民族特点来体会其奔放、粗犷的美感，这种镶嵌方式也因此经常被用在男士戒指中。真正的吉普赛镶实际上是用敲击的方式进行固定的。传统吉普赛镶的款式中一般都是较大分量的金属，例如很宽的戒指。这种镶嵌几乎能够适应任何样式的宝石，甚至是异形的宝石，宝石往往是颗粒较大的，挤压后边缘金属打磨平滑犹如宝石铸造在金属中一样，如图 6-20 所示。对于较大的宝石，或不规则的宝石，用雕蜡后铸造金属再镶嵌的方式更加适合，因为用 3D 建模的方式如果宝石形状不是十分规则，建模的铸件也很难严丝合缝，因此以下案例以手工雕蜡后铸造再镶嵌的制作流程介绍吉普赛镶的镶嵌方法。

图 6-20 吉普赛镶戒指

吉普赛镶制作步骤

1．材料准备

吉普赛镶一般以较大的弧面宝石为主，但是刻面宝石也是可以的，此处以 12mm × 8mm 的椭圆形弧面宝石镶嵌为例做介绍。

对于这种大颗宝石的镶嵌，选择用有平面的戒指蜡制作，如图 6-21 所示。根据宝石大小调整戒指镶石位蜡的厚度，即镶石座的整体厚度，如图 6-22 所示。此案例宝石下沉深度约 2~2.5mm，金属厚度要能保证有足够的镶石座深度，并且宽度要保证在宝石外有足够的边缘和供挤压的部分。如使用雕蜡的方式，先为宝石做好镶石座，再在此基础上进行戒指其他部分的雕蜡，能更好地保证镶石位的尺寸。

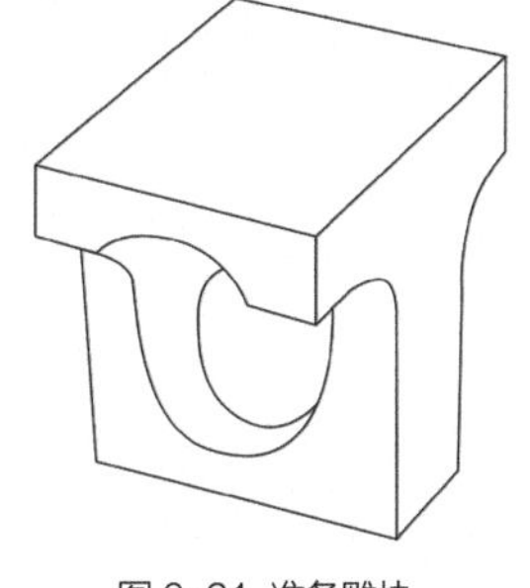

图 6-21 准备雕块

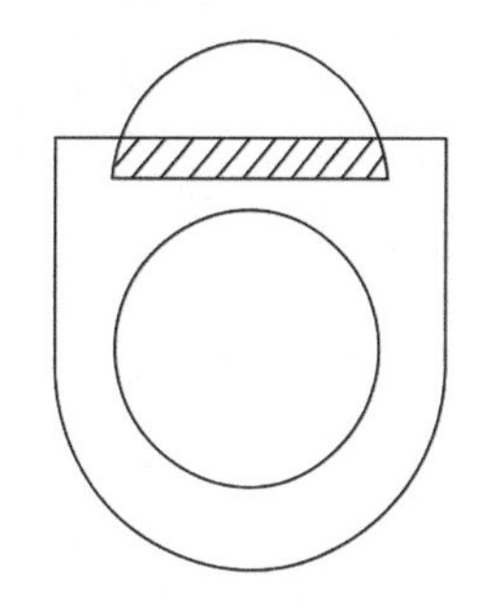

图 6-22 确定镶石位蜡的厚度

2．确定镶石座位置

首先将宝石的轮廓线在蜡面上用钢针做标记，在此轮廓线基础上根据宝石的大小向内收缩 1~2mm 再绘制一个等比例缩小的轮廓线，作为宝石底面的支撑，如图 6-23 所示。镶石座的边缘应与宝石非常贴合。

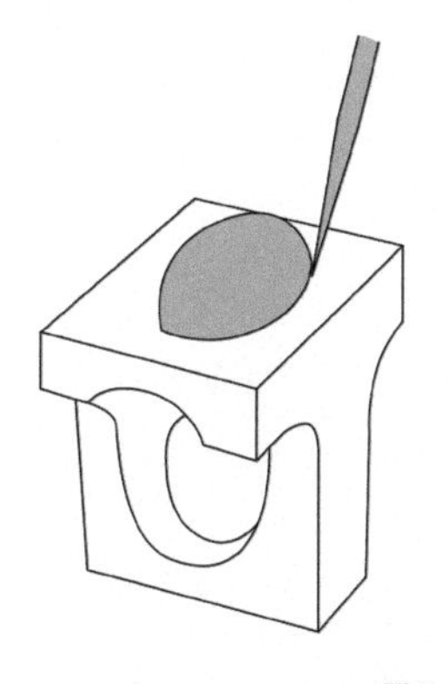

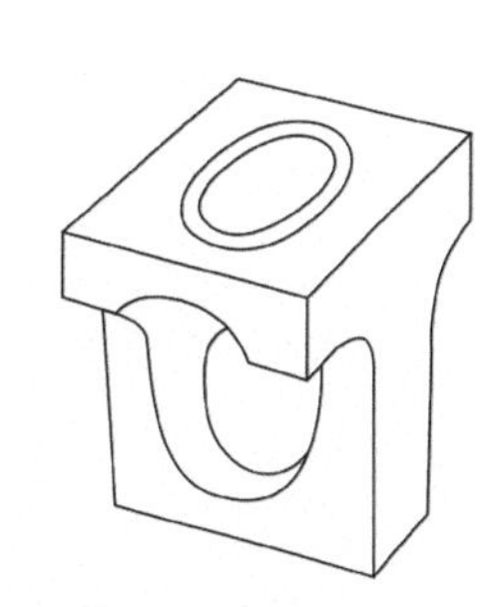

图 6-23 标注石位参考线

3. 雕石位

首先用钻头将镶石位从上到下打通，再用圆柱针头沿标记的内圈轮廓线去蜡，注意始终保持垂直状态，如图 6-24 左侧图片所示。再沿外圈轮廓线垂直去蜡，保证深度一致，底面水平，底面留约 1mm 厚度，如图 6-24 右侧图片所示。如果底面为锥形的刻面宝石，则需根据宝石将底面修成适合的锥形坡度，坡度也可以在厚度充足的基础上在铸造后的金属上修出来。弧面宝石与刻面宝石镶石位底面的差别如图 6-25 所示。

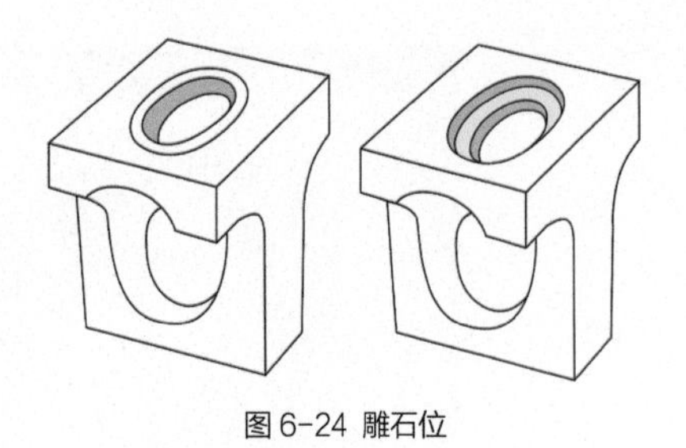

图 6-24 雕石位

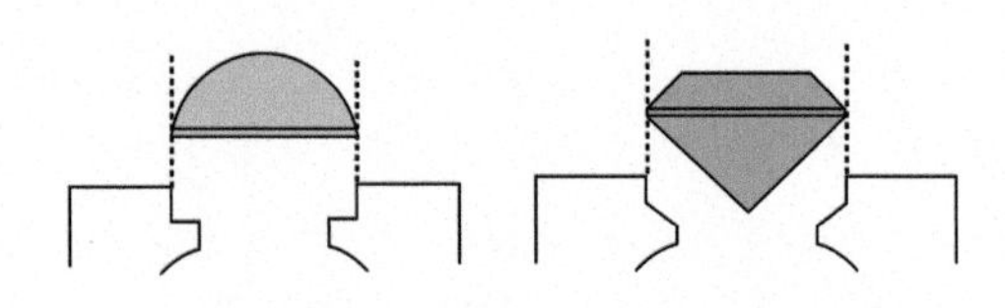

图 6-25 弧面宝石与刻面宝石镶石位底面的差别

4. 整体完成雕蜡并铸造

确定好石位后，雕去多余的蜡，将宝石放入蜡版石位中测试石位边缘与宝石边缘贴合是否严密，如图 6-26 所示。确定好蜡版后铸造成金属，铸造后的金属要进行一次初步执模。

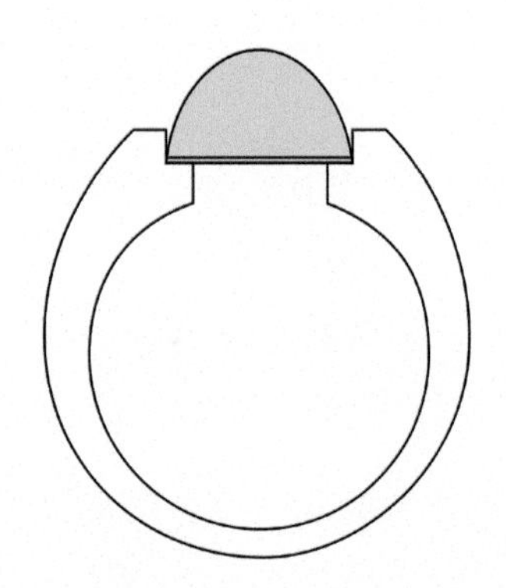

图 6-26 宝石放入蜡版石位剖面图

5. 试石并清理镶石位

首先将宝石放入铸造出的金属件的石位，再次试石位确定是否合适。由于铸造的收缩率很有可能导致石位是偏小的，这时需要用刀具或打模头将镶石位进行修整，尤其注意底面边缘棱的位置，要打去多余的金属，保证宝石能够平整地放入石位，如图 6-27 所示。

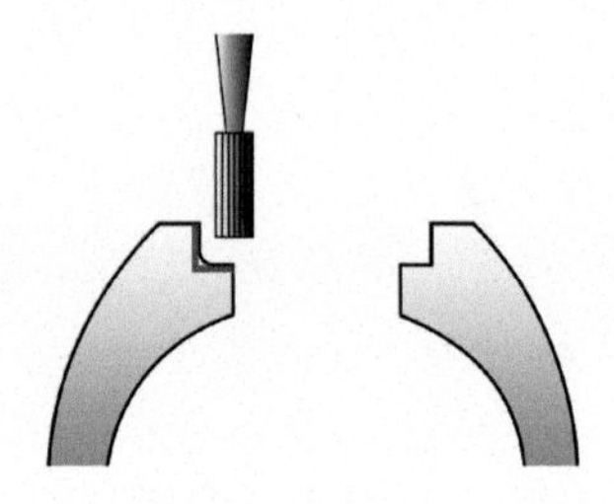

图 6-27 清理石位

6. 打出镶石位外缘凹槽

用球针在石位外缘金属上打磨一凹槽，方便錾子挤压金属，凹槽位置剖面图如图 6-28 所示，其中红点标注处为凹槽位置。

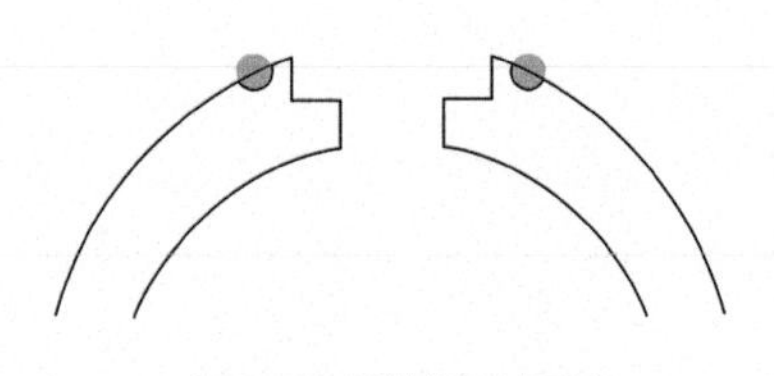

图 6-28 凹槽位置剖面图

7. 镶石

镶石的方式一般有两种。一种是使用平头錾子，将平头錾子平面倾斜角度与宝石弧面基本平行，借助锤子敲击的力量，先从四个方向擀压金属，对宝石进行初步的固定后，再环绕式擀压。这种方式类似于包镶的制作，平头錾子的錾面与宝石角度的差别不易过大，保证金属与宝石表面贴合，如图 6-29 所示。

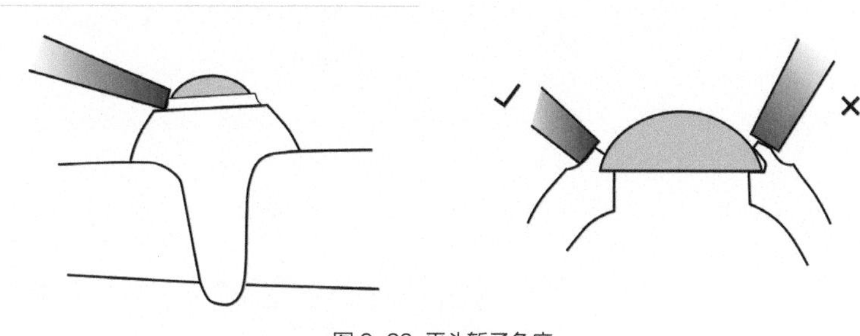

图 6-29 平头錾子角度

另一种是用弧面錾子，錾子的样式如图 6-30 所示。使用方式是将錾子在凹槽中从与水平面有约 60° 角再到垂直挤压宝石周围金属，这一过程类似于抹镶中镶石的过程，但依旧是借助锤子敲击，如图 6-31 所示。

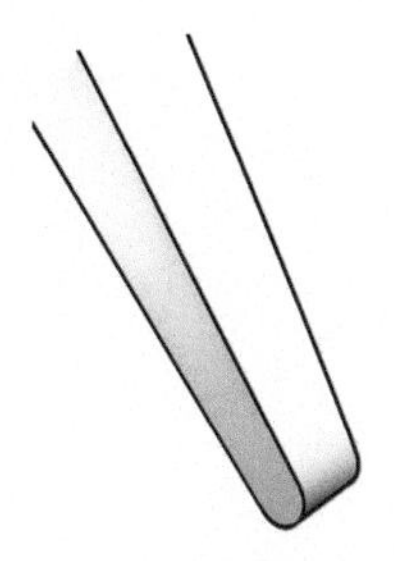

图 6-30 弧面錾子

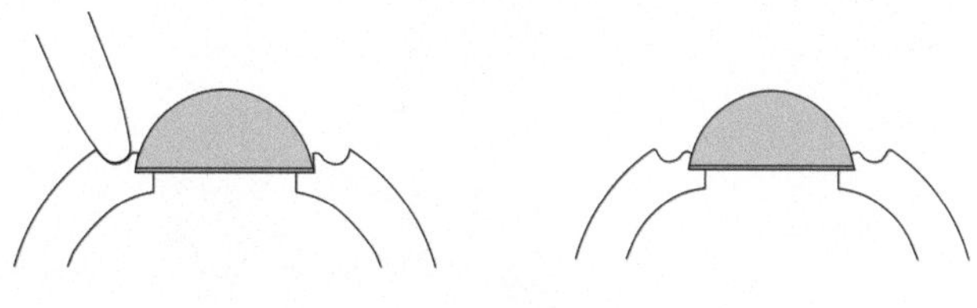

图 6-31 錾子挤压金属

8. 执模并完成吉普赛镶

镶石稳固后，将宝石周围金属打磨平整，还可以使用铲刀对镶嵌边缘进行修整，最后进行执模，完成吉普赛镶的制作，如图 6-32 所示。

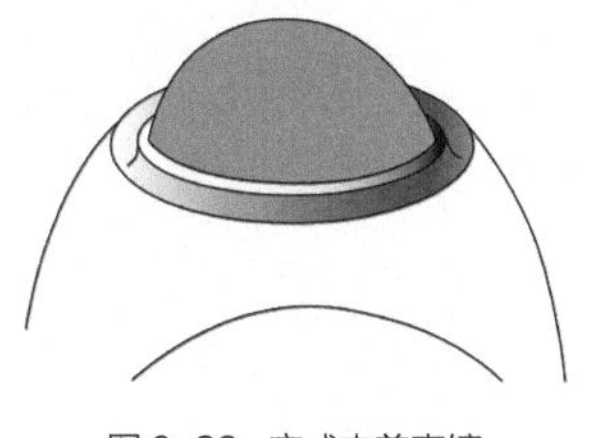

图 6-32 完成吉普赛镶

抹镶与吉普赛镶在首饰设计中的应用

从首饰历史上工艺发展的角度来看，吉普赛镶是在宝石琢型还没有十分完善的实力阶段，较大程度地适应各种弧面宝石和异形宝石的镶嵌工艺。随着圆形刻面琢型的出现，才逐渐发展出适用于较小刻面宝石，尤其是圆形刻面宝石的抹镶工艺。因此在古董珠宝中类似的镶嵌方式，我们看到的更多是吉普赛镶，图 6-33 所示为 1450 年的戒指中两颗琢型不完善的红宝石的镶嵌方式。

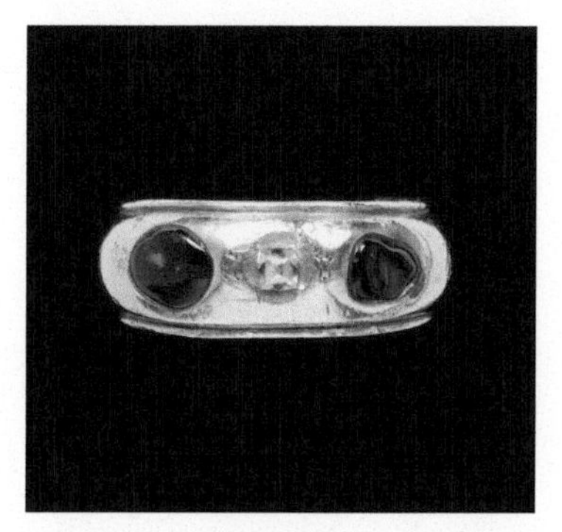

图 6-33 钻石红宝石戒指（V&A 博物馆收藏）

吉普赛镶在今天的制作手法上和传统方式是有一定变化的，由于真正的吉普赛镶本身对于金属材料的消耗量大、分量重等原因，更多的时候是在设计中保留吉普赛镶粗犷的视觉感受，但是用包镶或爪镶等较好实现的镶嵌方式代替，或者与抹镶融合，为设计中增添宝石色彩和形状的丰富性。这里以首饰艺术家Alan Craxford的几件作品为例，如图6-34至图6-36所示，我们能看到吉普赛镶和抹镶交融的制作方式，其实是更加灵活地将工艺运用在不同的宝石呈现上。

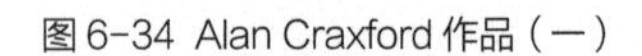

图6-34 Alan Craxford 作品（一）

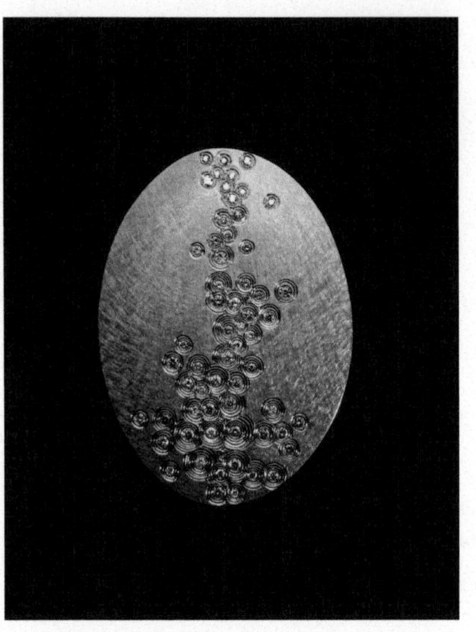

图6-35 Alan Craxford 作品（二）

图6-36 Alan Craxford 作品（三）

抹镶工艺所呈现的简约的风格，与现当代对于装饰的审美趣味较为契合，因此在近几十年越来越受到一些珠宝品牌的青睐。例如德国首饰品牌NIESSING，该品牌继承了德国设计的极简风格，将工艺材料的创新与设计融合作为主要面貌，在这样的品牌气质下，NIESSING的设计中极尽所能地减少装饰和多余的结构，达到宝石与金属融为一体的视觉效果，我们可以从该品牌的SOLARIS COLOR RINGS、SPHERES SOLARIS、ARCHITECTURE这三个系列的设计中感受到对于抹镶的灵活运用。

在一些富有艺术性的年轻首饰品牌中也经常能够看到抹镶的应用，例如独立首饰设计品牌朗睦的“沙丘”系列，金属质朴的表面处理，配合抹镶的镶嵌方式，宝石犹如半掩在沙丘之下，追求金属与宝石之间自然的关系，如图6-37和图6-38所示。另外我们也可以从一些常见的简约内敛的款式中看到抹镶的应用，其在整件首饰干练的造型中有点睛之笔的作用，如图6-39至图6-41所示。

图6-37 朗睦品牌首饰（一）

图6-38 朗睦品牌首饰（二）

图6-39 抹镶手镯

图6-40 抹镶戒指

图6-41 艺术首饰

通过以上的设计案例可以总结抹镶和吉普赛镶的设计特点为，视觉上与金属融为一体，造型简练而整体。尤其是抹镶，在设计上一般不是为了凸显宝石本身，而是在整个设计中起到增色作用，在制作上可以在金属已经完成的情况下增加，具有随机性和灵活性，因此是一种能够较为自由和灵活地运用于珠宝首饰设计之中的镶嵌方式。

第7章

逼镶

CHAPTER 07

逼镶主要指张力镶，以及有类似于张力镶效果的镶嵌工艺。张力镶是一种非常具有创造力的镶嵌方式，是对镶嵌关系的一种极限挑战，它的难度也是众多镶嵌方式中较高的，因此能带来一种极具挑战性的视觉美感。

逼镶概述

对于逼镶，国内的认知与欧美有一定差别。国内很多首饰产品中只要是金属从两侧卡住宝石腰部，或者半围合宝石腰部的镶嵌方式都可以被称之为逼镶，很多时候其与爪镶、包镶等镶嵌方式混淆，它们之间没有明显的类别界限。欧美所说的“Tension Setting”翻译为张力镶更为恰当，是利用金属的张力对宝石的腰部从两个方向施加一个向心的挤压力，来固定宝石的一种镶嵌方式，而除了两个张力点，另有底托或其他支撑结构的镶嵌方式是后衍生出来的，被称为半逼镶。

相对来说，逼镶是较有难度的一种镶嵌方式，这种方式并没有多长的使用历史，是在德国的 NIESSING、美国的 STEVEN KRETCHMER 两个品牌的推动下逐渐发展起来的，而之所以这些品牌能够很好地掌握逼镶的技术，是因为其相应的高硬度合金的技术研发有一定的成果。初学者是没办法学到这方面的技术细节的，但是可以了解逼镶的原理及制作流程，以较为实际的方法进行单件或小批量的实践。在制作案例中首先从其最典型的款式出发，希望可以帮助初学者清楚地了解逼镶的难点和要点。逼镶戒指如图 7-1 所示。

图 7-1 戒指（由大曾珠宝工作室供图）

逼镶的制作方法

逼镶的制作步骤的示范，将分为对张力镶、半逼镶，以及田字逼进行介绍。虽然半逼镶和田字逼并不是典型的逼镶，也就是前文所说的张力镶的原理，但是半逼镶是在张力镶的影响下衍生的，而田字逼与半逼镶又有结构上的紧密联系，因此将这三种镶嵌划分在逼镶的范畴里。下面将分别介绍这三种镶嵌方式的原理和制作方法。

◆ 张力镶

张力镶是单纯依靠金属两个张力点卡住宝石的镶嵌方式。张力镶的金属在批量生产和单件制作中，其准备材料的方式是完全不同的，差别在于对品牌的批量生产是将硬度配比好的和张力合适的合金制成金属板切割使用，这种尤其以戒指的应用最多，但是对于单件和小批量的制作则可以采用对单个型材锻打硬化后使用的方式。本案例演示通过锻打硬化金属制作张力镶的方法。张力镶戒指如图 7-2 所示。

图 7-2 张力镶戒指（由大曾珠宝工作室供图）

张力镶的制作步骤

1. 选择宝石

张力镶对宝石的硬度要求较高。由于其对宝石施加的压力较大，因此只有像钻石、红宝石和蓝宝石这类硬度高的宝石才适合使用，而且如果宝石有裂隙，也很有可能在镶嵌中出现问题。在此示范案例中使用天然锆石，其硬度也是较高的。另外需要注意宝石的尺寸，要保证宝石高度小于金属厚度，也就是不能露底。一般张力镶戒指厚度约 3mm，因此宝石的厚度要小于 3mm。案例中采用的是一个 4mm × 3mm 的椭圆形锆石，如图 7-3 所示。

图 7-3 准备宝石（锆石）

2. 准备金属

张力镶所选择的金属一般为金、铂金或钛这一类金属的合金，能够保证较高硬度且有持久性，不容易松动。如果用铸造的方式，那么 18K 金、14K 金的硬度在保证金属厚度的情况下可以制作张力镶。此外，也可以用现成金属材料通过硬化的方式实现单件或小批量生产。此练习案例中使用黄铜硬化处理的方式制作，先将粗约 3.5mm 的黄铜丝，焊接好一个闭合的金属戒指圈，如图 7-4 所示。

图 7-4 准备金属（黄铜）

3. 硬化金属

张力镶在制作上的难度其实更多的是对金属材料硬度和弹性的控制，从而利用合适的金属张力对宝石进行镶嵌。在没有特殊的金属配比技术的情况下，金属硬化在金属的配比上纯度越低硬度越高，因此肯定不能使用纯金、纯银来制作。此外，在配比中考虑硬度的同时还要考虑金属的弹性，如果金属的硬度过高失去弹性也是不利于制作的。后期处理下的金属硬化，在敲、压等外力的施加下，金属的硬度会变高，硬度增高的同时又有一定弹性。

在材料尺寸和所应用的款式上需要注意的是，制作张力镶的金属还是需要有一定的厚度的，较细较薄的金属哪怕硬化，也无法达到张力镶所要求的力度，金属过粗，又可能有失美观性，因此如果是一个圆环戒圈，直径 3mm 是较为适宜的。张力镶多适用于戒指，因为戒指的环度较小，能够在硬度合适的情况下形成挤压宝石的弹性，且更具有视觉冲击力。

在金属工艺中，使金属硬化的方式主要是锻打和挤压，它们都是通过使金属内部结构变得紧密从而使金属变硬的。此案例使用的是锻打的方式。在锻打的过程中金属会延展，从圆丝到方丝整体厚度会变薄一点，因此准备的金属环的体量，要比所做的戒指环的粗度整体多出的 20%，以作为锻打变形和打磨的损耗。锻打的方式就是用金工锤进行均匀的敲击，以便金属结构致密均匀，如图 7-5 所示。

图 7-5 锻打黄铜戒指环

4. 锉修戒指环

将锻打好的金属环锉磨整齐，此处会产生一定的金属损耗，如图 7-6 和图 7-7 所示。

图 7-6 锉修戒指环（一）

图 7-7 锉修戒指环（二）

5. 锯开口

将戒指环中用于镶嵌宝石的开口锯出来，如图 7-8 所示，两个相对的面用锉刀修平整，开口的宽度比宝石直径小 0.6~1mm。左右两侧卡槽深度为 0.3~0.5mm。在此案例中椭圆形宝石直径为 4mm，宝石卡入两侧槽位的深度各约 0.3mm，以此计算缺口的宽度应该约为 3.4mm。锯开口的时候要考虑到打磨损耗。

图 7-8 锯开口

6. 固定金属

将戒指环固定在戒指球镶石座上，如图 7-9 所示。

7. 标记槽位

根据宝石腰棱位置的高度，将要开槽的位置用分规标记出来，保证两侧对称，如图 7-10 所示。

图 7-9 固定金属

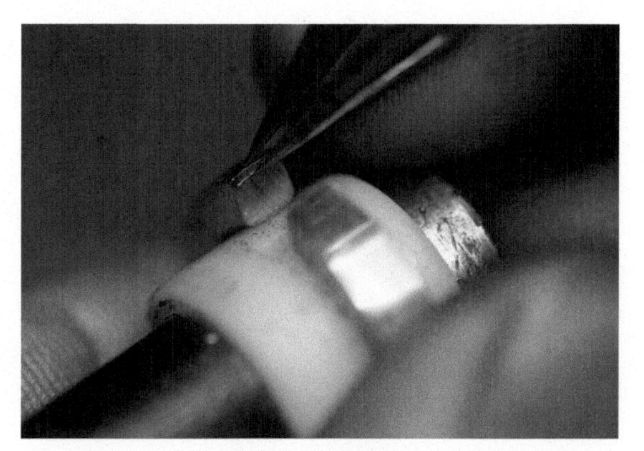

图 7-10 标记槽位

8．开槽位

用飞碟在开口处的两个平行面上开槽，要保证相对的两个槽位置对称，两侧槽深约 0.3mm，如图 7-11 和图 7-12 所示。

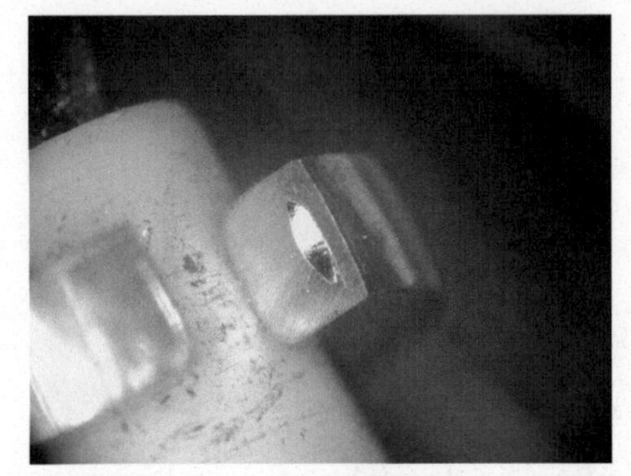
图 7-11 开槽位

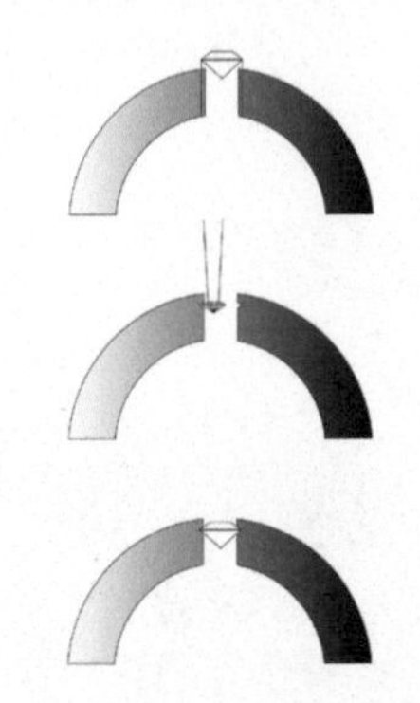
图 7-12 开槽位剖面示意图

9．镶石

将宝石腰棱一边先卡入槽位，再借助戒指球镶石座或扩大器的撑力，将戒指环略微撑开，待宝石另一端滑入槽位后，再放松撑力使其夹紧，如图 7-13 和图 7-14 所示。

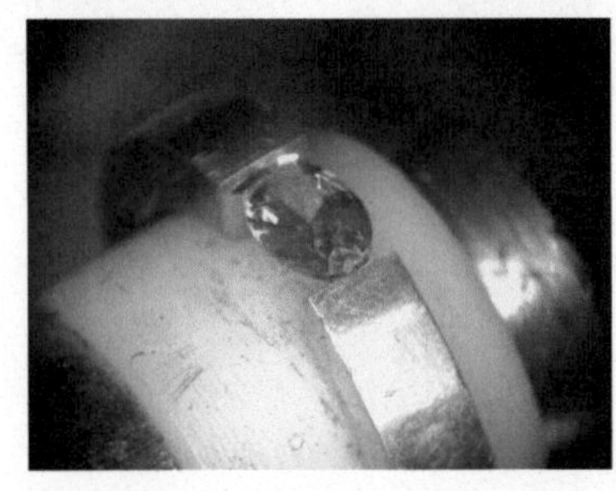
图 7-13 宝石一侧卡入槽内

图 7-14 宝石两侧卡入槽内

10．完成张力镶

制作完成的张力镶如图 7-15 所示。

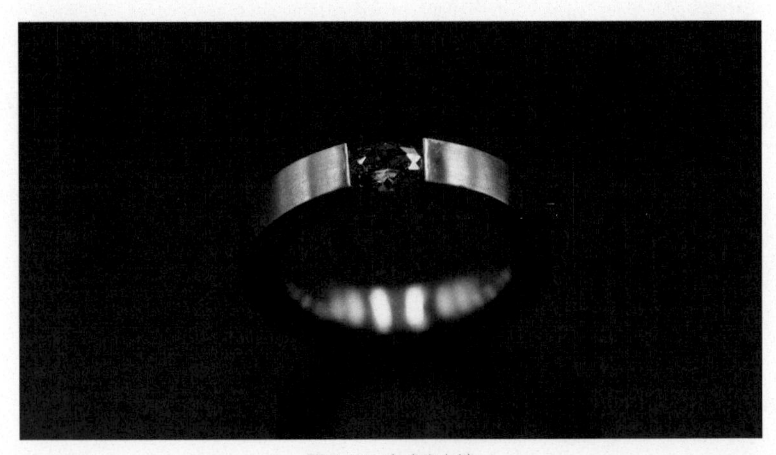
图 7-15 完成张力镶

◆ 半逼镶

半逼镶是指在两个张力点外另有辅助的底托、金属爪或半边框等结构的镶嵌方式，其原理与爪镶有相通之处。半逼镶其实是在模仿张力镶，其外观的美感可以达到类似张力镶的效果，但是却没有张力镶制作的难度和售后的风险，因此更多的品牌愿意用半逼镶的方式来实现类似款式制作。半逼镶戒指如图 7-16 所示。

图 7-16 半逼镶戒指

半逼镶的制作步骤

1. 材料准备

该案例中宝石为直径 2mm 的刻面宝石，镶口宽度为 1.7mm，即宝石直径减去 0.3mm。戒指的款式从顶视视角看与张力镶无异，但其实在宝石下有一个起到支撑作用的底托，连接在开口处，因此戒指环本身还是一个闭合的环状。另外一个特别之处是金属镶口两端上方预留了两块凸起，凸起的作用也体现了这种镶嵌方式与张力镶利用张力夹住宝石的一大差别。宝石不是被两侧的力量向内挤压的，而是利用凸起处向下挤压的力，形成与底托对抗的挤压而镶嵌住宝石，留有凸起是怕向下挤压金属后使戒指壁厚度变薄。材料准备如图 7-17 所示。

图 7-17 材料准备

2. 开槽位

和张力镶一样，半逼镶也需要在宝石腰棱位置先做标记，再在两侧标记处用薄飞碟打出深度约 0.15mm 的槽，如图 7-18 所示。由于宝石较小，且此镶嵌中有底托支撑，槽比张力镶的浅。

图 7-18 开槽位

3. 下石

先将宝石腰部一侧卡入槽位，再通过轻轻地按压，将宝石腰部的另一侧顺势按入槽位，这个按压的过程并不需要力量。如果一侧卡入槽位后发现空间明显不足或另一侧很难进入槽位，那可能需要继续调整槽位深度。下石如图 7-19 所示。

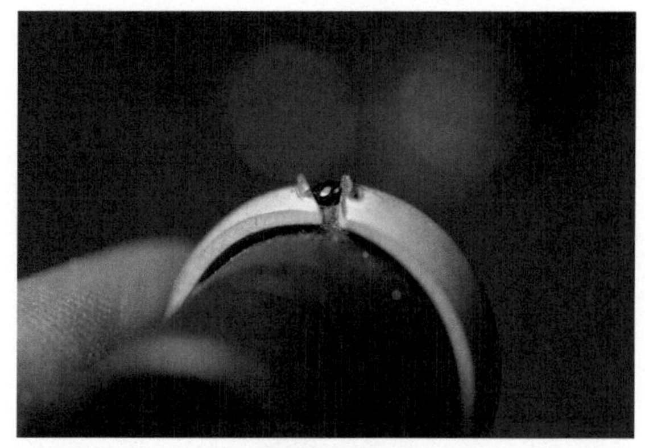

图 7-19 下石

4. 镶石

此时宝石卡入槽位后并不是稳固的，如果有震动很有可能跌落，因此可以用油泥将宝石覆盖住，起到暂时稳定的作用。接下来需要用平头錾子借助锤子向下挤压石位两侧凸起的金属，如图 7-20 所示，待宝石基本稳定后方可退下油泥，再反复进行几遍向下的敲击后，槽位与宝石之间通过敲击充分贴合，腰部形成稳固的挤压力，即镶石完成，如图 7-21 所示。

图 7-20 镶石（一）

图 7-21 镶石（二）

5. 执模——铲边

待宝石镶嵌稳固后，因为敲击镶口两侧金属与宝石腰部的切面不是平整的，因此要用铲刀对石位两侧金属的截面进行修整，如图 7-22 所示。

图 7-22 铲边

6. 执模——打磨抛光

将挤压位置的金属用锉刀修去多余部分，再用砂纸卷和抛光轮等打磨光滑，如图 7-23 和图 7-24 所示。

图 7-23 执模（一）

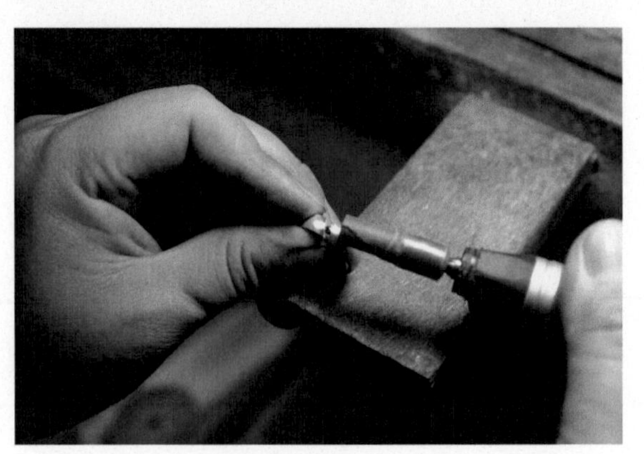

图 7-24 执模（二）

7. 完成半逼镶戒指

制作完成的半逼镶戒指如图 7-25 所示。

图 7-25 完成半逼镶戒指

◆ 田字逼

田字逼代表一种固定的镶嵌搭配模式，即四颗公主方宝石以“田”字形拼成一个大的方形，并且在四颗宝石所组成的方形中只有外侧一圈有金属边挤压，内侧看不到金属，以此形成一大颗方形刻面宝石的视错觉。四颗宝石田字排列的视觉效果与隐秘式镶嵌有共通之处，但是从制作原理来看，宝石并没有隐秘式镶嵌的开槽，每颗宝石的金属结构中都需要有支撑力的底托和两条相邻的腰棱被金属边挤压来镶嵌稳固，这个结构更接近半逼镶，因此依据结构的特点将其归类于逼镶的范畴。田字逼戒指如图 7-26 所示。

图 7-26 田字逼戒指袖扣

田字逼制作步骤

1. 材料准备

案例中宝石为四颗边长为 2mm 的方形刻面宝石，金属为方盒状的金属，金属下部为四颗宝石下沉的锥形石位，如图 7-27 所示。建模中预留了用于镶住宝石的槽位线，方便后续用轮针开槽。

图 7-27 材料准备

2. 开槽位

用轮针在石位上部开槽一周，再用小波针打槽的四个角位，如图 7-28 所示。

图 7-28 开槽位

3. 铲修槽位

用轮针开槽位后需要用铲刀修铲槽位，如图 7-29 所示。槽位平整四颗宝石才能平整地下石。

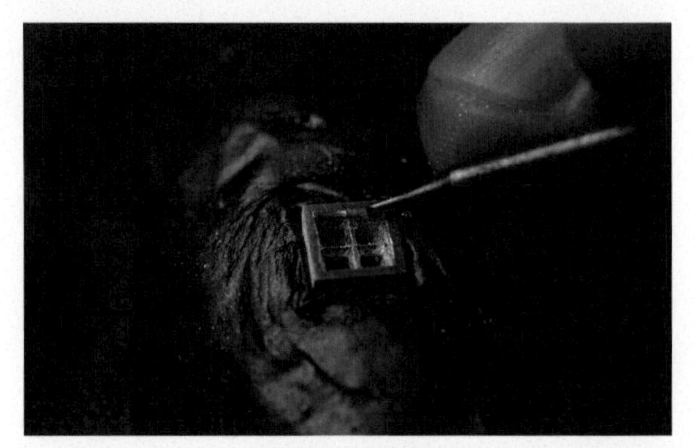
图 7-29 铲修槽位

4. 下石

将四颗宝石依次放入石位，每颗宝石都只有两条边卡在槽位里，另外两条边靠宝石腰棱以下的金属托起，并且相邻宝石的腰棱并不是完全贴合的，而有约 0.15mm 的空隙，如图 7-30 所示。

图 7-30 下石

5. 镶石

用平头錾子借助锤子先以点状固定再以循环压边的方式敲击金属边顶部，使槽位金属挤压宝石并与宝石完全贴合，此处与半逼镶镶石的原理是一致的。镶石前后槽位的变化如图 7-31 所示。

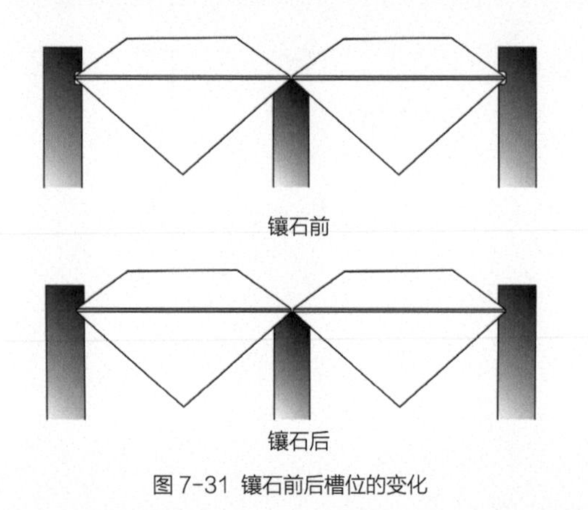

图 7-31 镶石前后槽位的变化

6. 执模并完成田字逼镶嵌

镶石后用锉刀、砂纸卷和抛光轮等工具执模后完成田字逼镶嵌，如图 7-32 所示。

图 7-32 完成田字逼镶嵌

逼镶在首饰设计中的应用

关于珠宝首饰中逼镶的运用，张力镶的制作难度是有目共睹的，它的美感也正是因为工艺上的难度所带来的超出镶嵌“舒适圈”的精彩。这种巧妙地利用力学原理的镶嵌方式是近代的产物，它的发明者其实是一个有着航空专业背景的转行金匠 Friedrich Becker，图 7-33 所示为其设计的张力镶胸针。但是张力镶的前身，被我们叫作半逼镶或者卡镶的这种镶嵌方式，其实在首饰历史中常有应用，例如图 7-34 所示的这件 17 世纪初产于布拉格的胸针中，围绕主体一圈的红宝石和钻石都是仅靠两侧的金属卡住，但因为排列紧密，不易使金属变形，宝石也相对稳固。在图 7-35 所示的这件 1560 年产于欧洲的吊坠中，十字图样中钻石的镶嵌方式与田字逼有很多相似的地方，其底部金属结构对于宝石的支撑作用也应该是类似的，这种镶嵌方式在欧洲古董珠宝中字母的拼接镶嵌中常会看到。

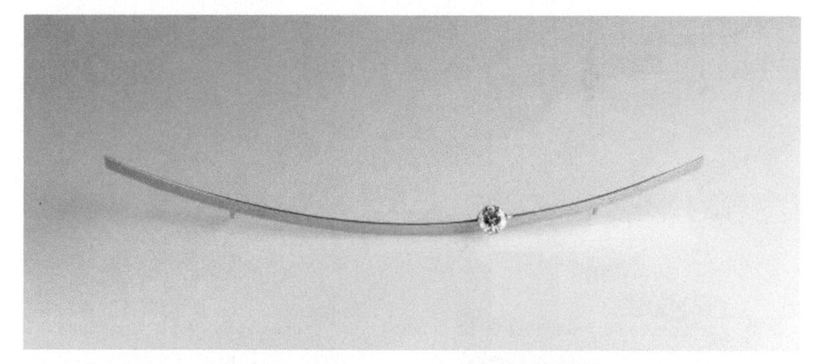

图 7-33 Friedrich Becker 设计的张力镶胸针

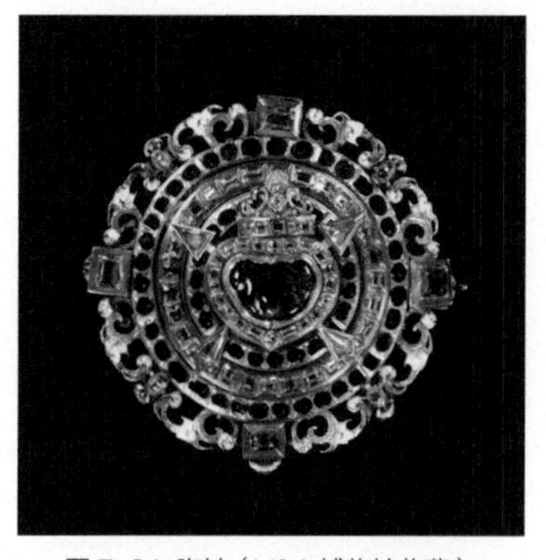

图 7-34 胸针（V&A 博物馆收藏）

图 7-35 钻石吊坠（V&A 博物馆收藏）

德国的品牌 NIESSING 创立于 1873 年，发展过程中受时代和国家背景的影响， NIESSING 对包豪斯设计理念去繁就简，工艺赋予设计以灵感抱以传承的态度。NIESSING 的独特气质，是对材料和工艺本身美感更深的挖掘，更加纯粹和经典，在波澜不惊中展现创造力，并且能够将这种品牌气质不断深化。

STEVEN KRETCHMER是Steven Kretchmer夫妇及其女儿于1991年在美国洛杉矶创办的，虽然规模不大，但品牌拥有专门针对张力镶所用的18K金和95%铂金处理的专利，优越的硬度和张力使其能够更好地呈现张力镶的魅力。STEVEN KRETCHMER的贵金属合金还有比标准珠宝合金更耐用的优点，因此能更持久地保持其光洁度。正是因为对张力镶技术的成熟驾驭，以及所掌握的金属技术类别的广泛，才使得STEVEN KRETCHMER在珠宝中能够灵活地运用与转换张力镶的效果，它时常与起钉镶、抹镶等镶嵌方式相配合，也会与木纹金等金属处理方式结合，工艺及其精湛，设计上经常给人以出其不意的效果。

并没有很多品牌敢于尝试这种张力镶，如果做不到严格的对材料和工艺的把控，很有可能出现售后问题，这里面不得不再次提起的就是德国的珠宝首饰品牌NIESSING和美国的STEVEN KRETCHMER珠宝工作室，这两个品牌可以说是在张力镶领域最具代表性的开拓者。NIESSING和STEVEN KRETCHMER对于张力镶有金属工艺和材料专利作为基础支撑，但这两个品牌所展现的气质又是各有特色。

除了以上两个经典的制作张力镶的珠宝品牌，还有很多设计者运用张力镶、半逼镶的工艺原理，创作出令人耳目一新的首饰作品。例如图7-36所示的设计中，使用钛金属进行镶嵌，硬度更强，戒指臂结构上螺旋环绕的设计，增加了弹性，也更加美观。图7-37所示的这枚戒指巧妙地放大了张力镶的原理，但由于其主体宝石橄榄型造型两边的尖头，很容易卡在洞中，镶嵌的难度相对降低，稳定性反而增高，这是特殊造型带来的镶嵌效果。图7-38所示的这枚戒指看似如张力镶一样将宝石卡在金属中间，但是完全不必借助金属的张力，因此从镶嵌工艺的角度来讲不算作张力镶，但是其依旧是借助金属模块之间的组合关系形成了具有“张力”的视觉效果。

图7-36 张力镶戒指

图7-37 创意张力镶戒指

图7-38 艺术首饰

不论是NIESSING和STEVEN KRETCHMER这两个致力于张力镶工艺研究的品牌，还是其他富有创意的逼镶工艺的应用，或类似于逼镶的设计，我们都能够从张力镶的设计中看到其对金属与宝石关系的一种极限挑战，这中间必然有一项技术花费了开拓者很多的心血，也正因为如此，张力镶这种镶嵌方式所带来的美感才在很多时候超出了人们对所镶嵌的宝石的关注。一个初学者除了学习张力镶的制作，更重要的是学习在工艺上可贵的创新精神和对材料性能的探索。

第 8 章

轨道镶

CHAPTER 08

轨道镶是较有难度的一种镶嵌方式，但也是别具特色的一种镶嵌方式。轨道镶的宝石成条带状排列，且宝石之间没有金属间隔。它的出现拓展了珠宝的表现力，使珠宝中“丝带”等意象的条带状排列更加灵动和整齐。

轨道镶概述

轨道镶是指宝石沿着一条卡在宝石腰部两侧的金属轨道或槽位排列，除了轨道或槽位外宝石之间没有金属结构的分隔和支撑，视觉上形成宝石条带的外观效果的镶嵌方式。轨道镶的外观是很富有创造力的。较少的金属的出现，让明亮的宝石流畅地排列成线条，也经常会被设计成有宽窄和弧面变化的条带状，这取决于宝石琢型的灵活性和尺寸的准确性。轨道镶戒指和梵克雅宝高级珠宝分别如图 8-1 和图 8-2 所示。正由于轨道镶的美观性、难度和线条的高级感，所以经常会被运用在一些高端珠宝的设计中。当然轨道镶也有它的局限性，宝石不宜太大，尤其是在弧面排列中，一般采用直径不超过 5mm 的刻面宝石。

图 8-1 轨道镶戒指

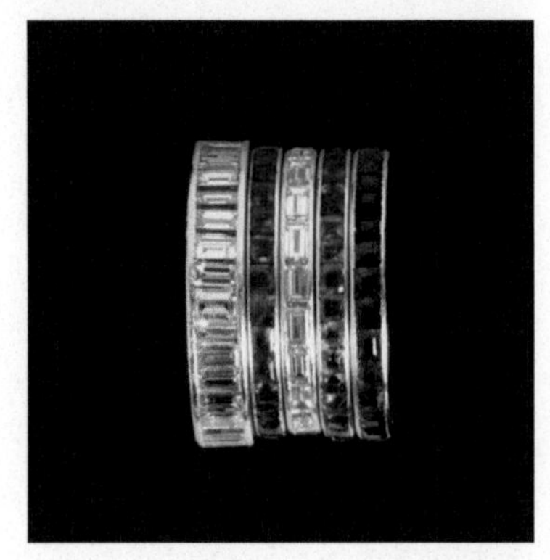

图 8-2 轨道镶戒指（V&A 博物馆收藏）

轨道镶的制作方法

轨道镶的制作原理

在制作之前，我们先来了解轨道镶的制作原理。轨道镶的结构对方形宝石与圆形宝石的槽位的设置是不同的。一般轨道镶结构中所指的轨道，是指方形或直边宝石的轨道镶结构，而圆形宝石多采用在宝石腰位两侧开一个弧形槽的方式，将圆形宝石卡入槽位。但两者最终呈现的效果都是条带状的宝石排列，且宝石之间没有金属间隔。图 8-3 所示的是方形刻面宝石和圆形刻面宝石轨道镶的结构。

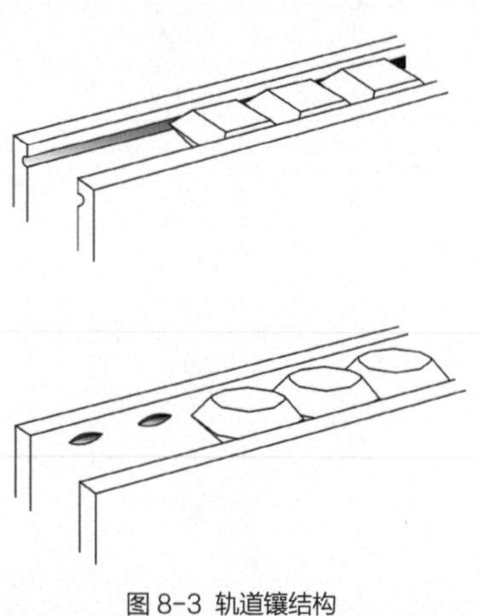

图 8-3 轨道镶结构

轨道镶的制作步骤

1. 材料准备

此案例中使用的是边长为 3mm 的方形刻面宝石；采用 3D 建模制作镶石托，建模中要将深 0.15mm 的轨道和宝石间 0.15mm 的间距考虑进来，如图 8-4 所示。此案例是根据常规宝石尺寸设计镶石托，并计算其尺寸的，实际中很多时候是根据设计中镶石托的尺寸来制作宝石琢型的。轨道镶虽然从顶面看宝石是连成一条线的，但底面每一颗宝石都有一个镶石位。注意镶石位是上宽下窄的，防止镶嵌中露石，如图 8-5 所示。

图 8-4 材料准备

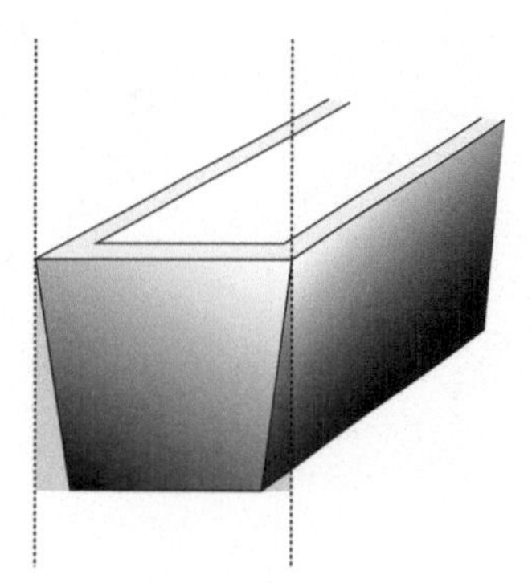

图 8-5 镶石位上宽下窄

2. 开槽位

轨道镶的开槽是较为重要的步骤，槽位要宽窄、深浅一致。一般建模时可以在开槽位置预留出槽线，然后在金属件上再用轮针沿已有槽线开槽，这样更加标准，槽深约 0.15mm。开槽过程中转折角的位置要用小球针打出较明显的深度，避免在下石过程中角位的槽开得不够阻碍宝石到位，如图 8-6 至图 8-8 所示。

图 8-6 用轮针开槽

图 8-7 用小球针给角位开槽

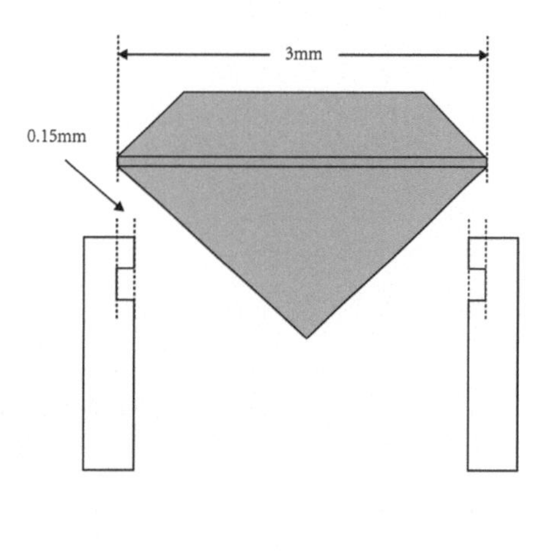

图 8-8 轨道镶剖面图

3. 试石

可用一颗宝石试开槽深度是否合适，先将方形刻面宝石的一条边卡进一侧轨道，再用指甲按压宝石另一端，如果能够较为轻松地按压进去则是合适的，如果不容易按压进槽，则说明金属的槽位不够深，需要继续调整槽位。但要注意如果宝石不经按压就可以进入槽内也是不行的，说明这时的轨道起不到对宝石的初步稳定作用，如图 8-9 和图 8-10 所示。

图 8-9 宝石一侧卡入槽内

图 8-10 宝石全部卡入槽内

4. 下石

通过试石确定槽位合适后，按试石的方法依次将宝石放入槽位，如图 8-11 和图 8-12 所示。

图 8-11 下石（一）

图 8-12 下石（二）

5. 调整宝石间距

轨道镶中宝石之间并不是紧密贴合的，宝石之间留有约 0.15mm 的间距，因此计算镶石位尺寸时要将宝石间距考虑进去。下石后可以使用镊子轻轻拨动宝石，将宝石间距调整至基本均匀后用橡皮泥从一侧固定，再从另一侧调整，如图 8-13 和图 8-14 所示。

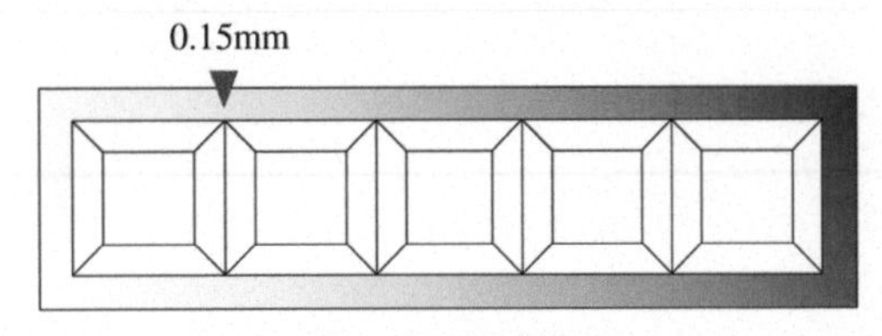

图 8-13 宝石间距

图 8-14 调整宝石间距

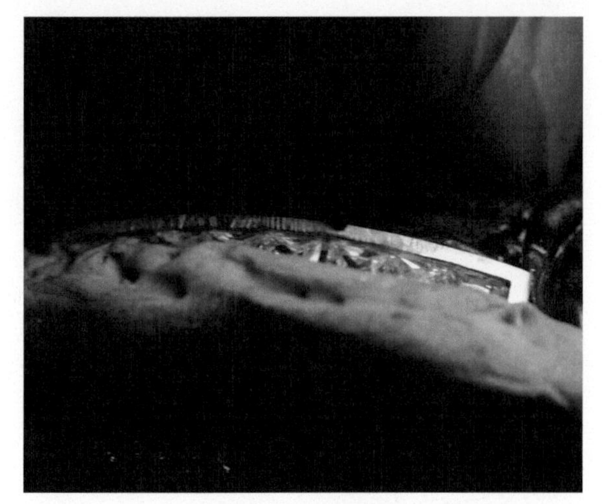

图 8-15 点状固定

6. 镶石——点状固定

宝石间距均匀后用橡皮泥从一侧进行固定，再从另一侧用打磨为小平头的钢针或錾子轻轻敲击槽壁顶部，先在每颗宝石的顶部点状敲击，让每颗宝石的位置基本固定，过程中如果宝石间距不均匀了，可以借助敲击的挤压力微调宝石的位置，如图 8-15 和图 8-16 所示。另一侧方法相同。

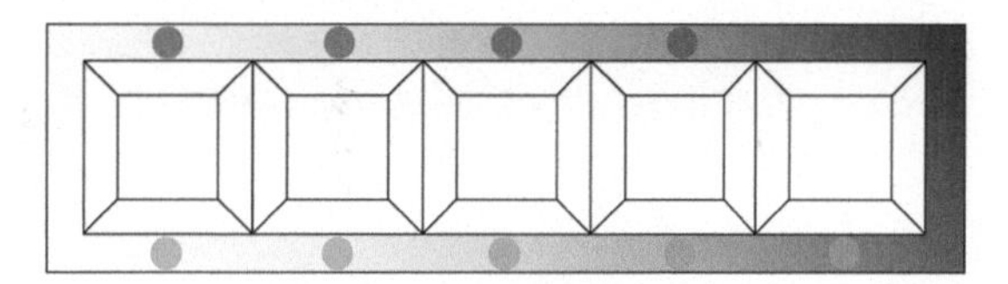

图 8-16 点状固定示意图

7. 镶石——均匀固定

从两侧点状敲击宝石使其位置固定后，再用平头錾子借助锤子做均匀敲击，使槽壁顶端的棱线尽量平整下压，如图 8-17 所示。

图 8-17 均匀固定

8. 执模——修形

通过敲击后宝石得以固定，金属边会不平整，因此一方面需要用平头铲刀将槽壁内侧铲平整，另一方面需要用锉刀把金属边顶面和侧面修平整，如图 8-18 和图 8-19 所示。

图 8-18 铲边

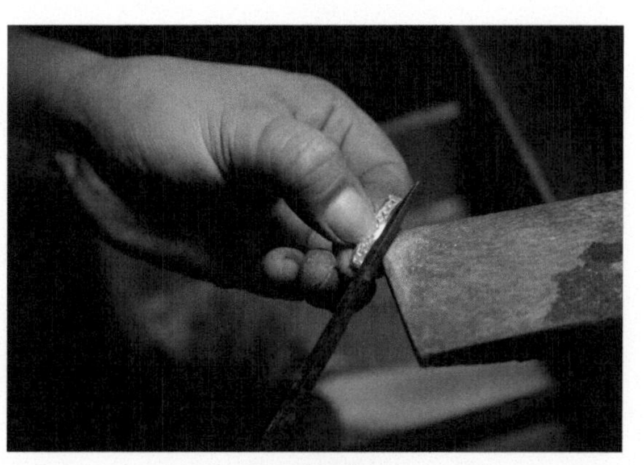

图 8-19 修边

图 8-20 抛光

9. 执模——抛光

使用砂纸卷、抛光轮等将槽壁顶端打磨光亮，如图8-20 所示。

图 8-21 完成轨道镶

10. 完成轨道镶

制作完成的轨道镶如图 8-21 所示。

轨道镶在首饰设计中的应用

图 8-22 冠冕珠宝 (V&A 博物馆收藏)

轨道镶较为广泛的应用于珠宝设计中是在 20 世纪的二三十年代，但其实它在珠宝首饰中的应用历史比这要早得多。如图 8-22 所示，这件制作于 1755 年的冠冕珠宝，其中一排条带状镶嵌的祖母绿运用了镶嵌中技术难度非常高的轨道镶，虽然从整件珠宝中可以发现宝石的琢型还不够完善，弧面宝石大小不一，祖母绿的刻面也并不清晰，但是人们依然尽其所能将祖母绿打磨成可以展现渐变排列的效果，并且使用轨道镶的方式完成如此高难度的镶嵌。

说到轨道镶，不得不提及的一个品牌就是梵克雅宝（Van Cleef & Arpels），虽然在镶嵌上梵克雅宝最大的贡献是创造出隐秘式镶嵌，但不可否认的是，轨道镶与隐秘式镶嵌有异曲同工之处，尤其是在视觉上可以让宝石连贯地排列成自然的曲线或曲面，很适合对于有机形态的表达。而梵克雅宝恰是在众多顶级珠宝品牌中最能在设计中自如地表现有机形态的品牌之一，例如Flowers系列中的雏菊胸针、Zip系列的Zip Couture Nœud Émeraude项链等，都是轨道镶的经典之作。如图8-23所示，梵克雅宝1930年被英国V&A博物馆收藏的一件代表作，其中运用了轨道镶等多种镶嵌方式。

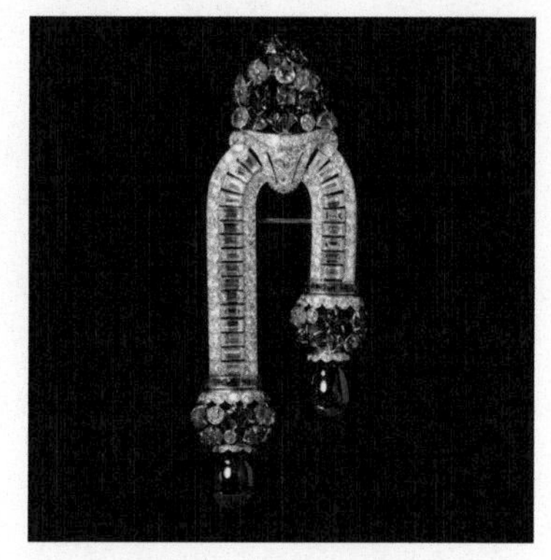

图8-23 梵克雅宝（Van Cleef & Arpels）胸针（V&A博物馆收藏）

在欧洲20世纪20年代装饰艺术风格开始盛行，同一时期的珠宝也受到了装饰艺术风格的影响，在这种充满几何形和直线条的装饰手法中，轨道镶因为能够让宝石形成连贯的条带感，所以大受珠宝设计者的喜爱。在鲜明的装饰艺术风格的珠宝中，轨道镶经常是不可或缺的镶嵌工艺，如图8-24至8-28所示。

图8-24 装饰艺术风格珠宝（一）

图8-25 装饰艺术风格珠宝（二）

图8-26 装饰艺术风格珠宝（三）

图8-27 轨道镶珠宝

图8-28 轨道镶钻石戒指（V&A博物馆收藏）

今天，除了高级珠宝在运用轨道镶之外，还有很多首饰品牌灵活地运用轨道镶所带来的饱满的色彩感受和有机的美感。从轨道镶中我们可以看到宝石镶嵌领域对于“宝石线条”的突破，这种线条感的出现，为自由的设计又增加了一个工具，使设计越来越不受工艺所局限，宝石之美的表达也得以丰富。

第 9 章

隐秘式镶嵌

CHAPTER 09

隐秘式镶嵌是镶嵌工艺中难度很高的一种镶嵌方式，它对宝石切割的标准、金属结构的标准和制作者的工艺能力都有全方位的高要求。隐秘式镶嵌在宝石镶嵌中是极具工艺创新性的，为珠宝的表现力开辟了全新的领域，也是一种工艺创新精神的代表。

隐秘式镶嵌概述

隐秘式镶嵌是 1906 年成立的法国珠宝品牌梵克雅宝（Van Cleef & Arpels）在 1933 年创造出来的，是把多颗宝石紧密排列在一起，并且镶嵌后外观宝石之间没有金属结构间隔的一种镶嵌方式。这种镶嵌方式虽然是梵克雅宝的专利，但是自此也成为镶嵌工艺中一个争相挑战的高度，它的秘密也被工艺师们一步步揭开。隐秘式镶嵌的奥秘在于在宝石腰部下开槽，利用金属结构与宝石槽的卡着关系，代替对宝石腰棱的固定，如图 9-1 所示。

如果说轨道镶让宝石形成连贯的条带感，那隐秘式镶嵌则是让宝石形成“面”。这里的面是指小颗宝石紧密排列形成一个整体的面，其间没有金属出现。这种镶嵌方式极大地增加了小颗宝石密集排列的整体感，没有金属的“打扰”，宝石的美更加纯粹，色彩更加饱满，如果进一步加大工艺的难度，隐秘式镶嵌还能做出面的起伏感，让珠宝对有机形态的诠释更加准确。隐秘式镶嵌更是因为其制作难度和较高的制作成本而稳居高级珠宝的高地。下面我们将通过具体的案例来了解隐秘式镶嵌背后的秘密。

图 9-1 隐秘式镶嵌

隐秘式镶嵌的制作方法

隐秘式镶嵌的制作原理

隐秘式镶嵌从顶面看起来是连成一片的宝石，既然没有金属来压住宝石的腰部，那么又是什么样的结构使得宝石能够稳固呢？奥秘就在于宝石背后的改变。隐秘式镶嵌的宝石和普通的刻面宝石从顶面看没什么差别，但是在腰部往下却另有玄机，如图 9-2 所示。宝石腰棱下有开槽，这个槽的作用就是使宝石与隐蔽在宝石腰部下的金属形成相互齿扣的结构，结构之间的关系如图 9-3 所示。这样的结构可谓是极具挑战性的，挑战的是对工艺创新的想象力、镶嵌工艺师的技术、宝石琢型技术。利用这微妙且精巧的齿扣结构，将宝石排列整齐卡入石位后，再通过对边缘刮压或敲击的方式使金属尽量填满宝石的槽坑，这便是隐秘式镶嵌的制作原理。

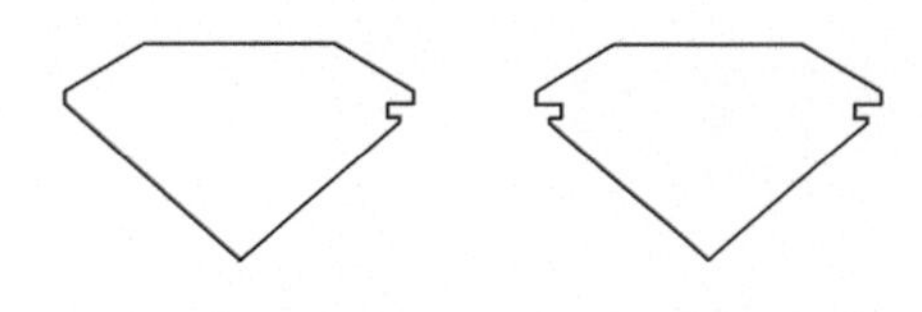

图 9-2 隐秘式镶嵌宝石开槽剖面图

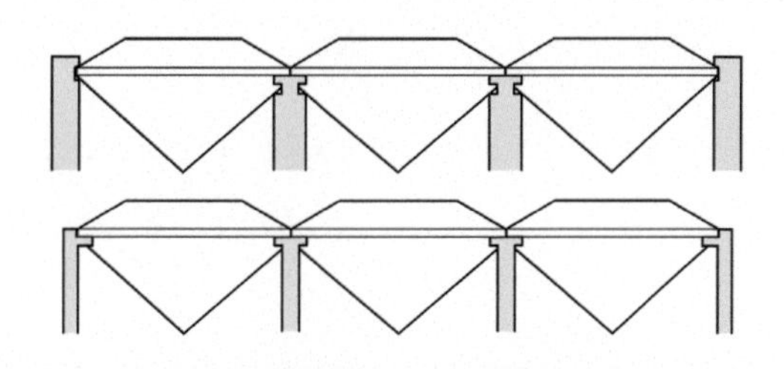

图 9-3 隐秘式镶嵌两种结构原理剖面图

隐秘式镶嵌的制作步骤

1. 计算尺寸

首先要根据设计所提供的造型尺寸，计算宝石的排列和所需宝石的尺寸。这其中主要考虑的是卡槽和宝石间隙的尺寸，不同大小的宝石，卡槽的深度会略有不同，通常槽位深度为 0.1~0.15mm，计算后，再按照需要建模铸造金属件，如图 9-4 所示。

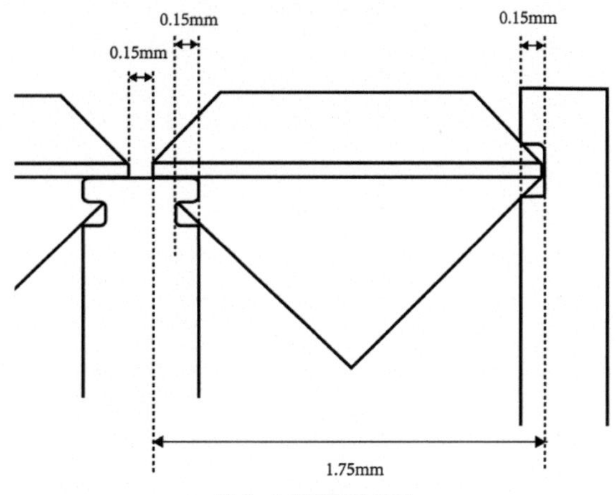

图 9-4 计算结构尺寸

2. 准备金属

3D 建模制作隐秘式镶嵌的镶石托，并预留宝石槽位相互卡着的轨道的位置，如图 9-5 和图 9-6 所示。

图 9-5 镶石托与宝石

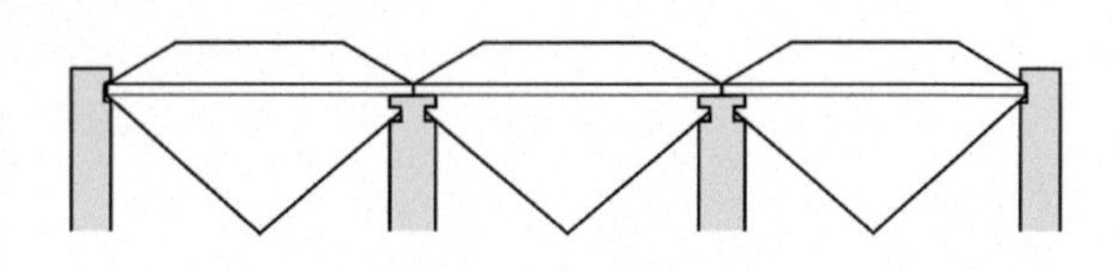

图 9-6 金属结构剖面图

3. 准备宝石

隐秘式镶嵌经常需要根据造型专门去做宝石琢型，来填满一个异形结构的设计。此案例中是规则的矩形，采用边长为 1.75mm 的方形刻面宝石排列即可满足需要。接下来要对准备好的宝石车槽，检查并确认宝石车槽标准，如图 9-7 所示。

图 9-7 宝石车槽

4. 开槽位

在镶石托上开槽也是非常重要的一步工作。开槽之前要用平头铲刀把金属角落弄平整，再用轮针开槽，与轨道镶一样，在前期对金属建模的时候将槽位预留出来，可以保证后期用轮针开槽时更加标准，宝石的槽和金属的槽卡着合适是隐秘式镶嵌的关键，如图 9-8 和图 9-9 所示。注意开槽不急于一次开好，在镶嵌宝石的过程中可以继续调整槽位，镶好一排后，下一排槽位还可再做调整。

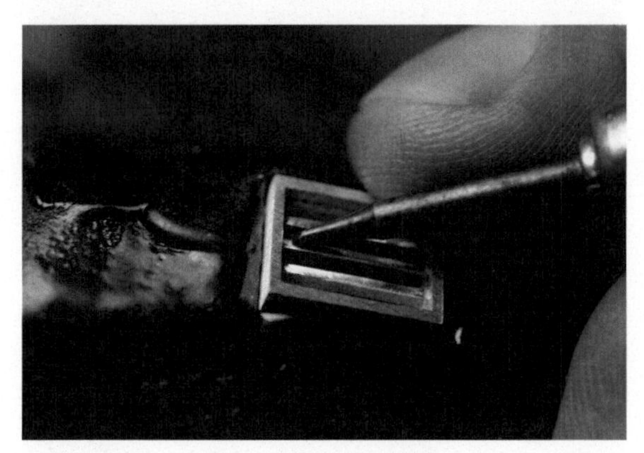

图 9-8 用平头铲刀修槽位

图 9-9 用轮针开槽位

5. 试石

将宝石一端先卡入槽内，再用指甲轻轻按压使另一端也卡入槽中。如果宝石无须按压即可进入槽位，说明槽位太大，这样卡不住宝石；如果宝石按不进去，则需要继续加深槽位，因此一次不要开槽太深。试石如图 9-10 所示。

图 9-10 试石

6. 下石

下石方式和试石一样，下石可以从结构中间开始，宝石卡入槽位后可以在轨道上滑动至一端后，再依次下石将一排下满，如图 9-11 所示。

图 9-11 下石

7. 镶石

逐位将一排宝石下好后，用镊子轻轻夹紧这一排宝石两侧的金属。再做下一排宝石的槽位调整，然后以同样的方式逐排下石。下满石后，从边框顶端轻轻敲打几圈固定，挤压原理与轨道镶一致。镶石如图 9-12 所示。

图 9-12 镶石

8. 执模

用锉刀将金属边修平整，再用砂纸卷、抛光轮等打磨抛光，如图 9-13 所示。

图 9-13 执模

9. 完成隐秘式镶嵌

此案例中为平面的隐秘式镶嵌，对于曲面也是同样的原理，如图 9-14 所示。

图 9-14 平面隐秘式镶嵌

隐秘式镶嵌在首饰设计中的应用

提到隐秘式镶嵌，法国顶级珠宝品牌梵克雅宝功不可没。梵克雅宝一直致力于工艺的创新，隐秘式镶嵌在 1929 年由珠宝工匠 Jacques-Albert Algier 发明，梵克雅宝在 1933 年获得隐秘式镶嵌的专利，堪称是珠宝制造业的创举，这也将梵克雅宝的珠宝推至卓越的典范。同年面世的 Minaudière 百宝匣，次年的 Ludo 手镯都充分运用了隐秘式镶嵌的优势。今天我们虽然可以大体揭秘隐秘式镶嵌的秘密，但是真正想要达到梵克雅宝的工艺品质还是有一定难度的，这背后需要大量的人力、物力及精湛的技艺作为支撑，图 9-15 至图 9-18 所示是梵克雅宝运用隐秘式镶嵌的珠宝。

图 9-15 梵克雅宝（Van Cleef & Arpels）隐秘式镶嵌珠宝（一）

图 9-16 梵克雅宝（Van Cleef & Arpels）隐秘式镶嵌珠宝（二）

图 9-17 梵克雅宝（Van Cleef & Arpels）隐秘式镶嵌珠宝（三）

图 9-18 梵克雅宝（Van Cleef & Arpels）隐秘式镶嵌珠宝（四）

隐秘式镶嵌取得巨大成功后，梵克雅宝并没有停止对精湛工艺的探索和提升，在此之后又诞生了榄尖形隐秘式镶嵌法和彩绘玻璃隐秘式镶嵌法，例如 Pomme de pin 胸针和 Panache mystérieux 胸针就是这两种隐秘式镶嵌工艺的代表作品，一经推出就惊艳四座。虽然梵克雅宝的高度是很难企及的，但是依然有很多品牌在学习和效仿隐秘式镶嵌工艺，精湛的技艺和镶嵌的美感，都是值得挑战的。图 9-19 和 9-20 所示就是一些运用隐秘式镶嵌的珠宝设计。

图 9-19 隐秘式镶嵌珠宝（一）

图 9-20 隐秘式镶嵌珠宝（二）

梵克雅宝对镶嵌工艺的贡献在于为珠宝的创造提供了新的可能性，也向人们展示了高级珠宝的极致。这些珠宝中，每一颗宝石都有自己的位置，对宝石尺寸、形状的精确有极高的要求，能够驾驭这项技艺的工艺师更是少之又少。更可贵的是无边镶中展现了一个品牌的创新精神，为了实现品牌珠宝所要的效果和品质所做出的创新，使品牌珠宝的艺术性大大提升，也为珠宝首饰的历史画上浓墨重彩的一笔，这种创新是极具行业价值的。

第 10 章

蜡镶与砂铸镶嵌

CHAPTER 10

蜡镶和沙铸镶嵌与前文中的众多镶嵌方式有本质的不同，这两种方式中宝石的镶嵌制作不是通过金属工艺的流程来实现的，而是通过铸造过程来实现的。其实这是一种相对容易的方式，同样具有它存在的客观需要和拓展空间。

蜡镶和砂铸镶嵌概述

蜡镶和砂铸镶嵌都是运用金属铸造原理，在铸造前固定好宝石的位置，在铸造过程中利用金属熔液流动包裹住宝石边缘，待金属熔液冷却后实现镶嵌的过程的镶嵌方式。蜡镶和砂铸镶嵌虽然原理相似，但应用的领域却不同。蜡镶是在首饰工业化生产的流程中为了节约镶嵌的时间成本而出现的，它的主要目的是提高效率和降低成本。蜡镶主要是模仿已有的镶嵌方式，例如爪镶、逼镶、微镶等，更易于制作出标准化的首饰产品，如图 10-1 所示。砂铸镶嵌具有悠久的使用历史，但在现代应用中更趋于小众，一方面它的生产效率远远低于蜡镶，另一方面它的效果是更加稚拙的，也带有一定的随机性，因此应用的领域一般为艺术首饰或定制首饰的设计，如图 10-2 所示。

图 10-1 蜡镶首饰

图 10-2 砂铸戒指（由大曾珠宝工作室供图）

蜡镶的制作方法

蜡镶的制作原理

蜡镶一般用 3D 打印方式制作蜡版，在蜡版镶口处用蜡将宝石固定，做出镶嵌的效果，然后经过失蜡铸造的流程后，宝石即已被镶嵌在金属上了，它可以实现爪镶、微镶、抹镶、轨道镶等的效果。这个方式与直接在金属上进行镶嵌的各种方式对比，省力又省时。图 10-3 至图 10-5 所示，分别是爪镶、微镶、抹镶的蜡版与蜡镶蜡版镶口固定宝石的案例。

图 10-3 蜡镶（爪镶）蜡版

图 10-4 蜡镶（微镶）蜡版

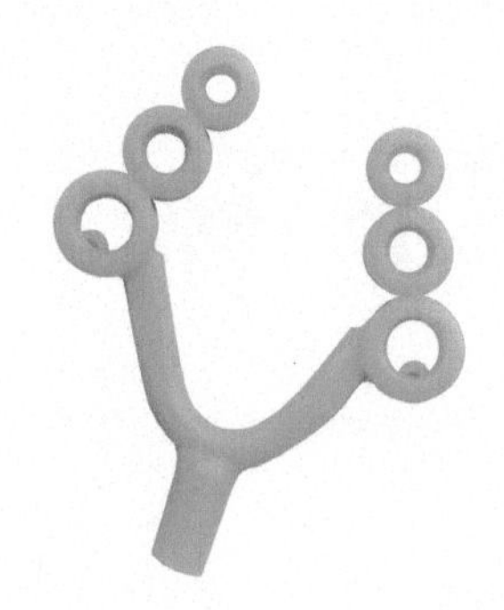
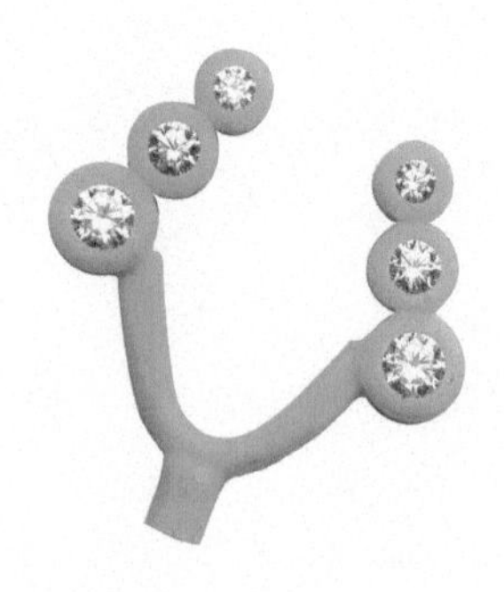

图 10-5 蜡镶（抹镶）蜡版

蜡镶的注意事项

蜡镶虽然高产，但也有它的局限性，首先能够蜡镶的一定是耐高温的宝石，例如钻石、锆石、红宝石、蓝宝石、石榴石等。像祖母绿、翡翠、欧泊、绿松石、青金石、橄榄石等，以及珍珠、珊瑚这一类有机宝石都不能使用蜡镶，原因是这些宝石在高温下会有爆裂、变色等不同程度的问题。例如：祖母绿、碧玺等内部包裹体较多，受热后晶体膨胀会引起晶体爆裂；欧泊含有一定程度的结晶水，高温浇铸时会改变其结构；珍珠、珊瑚等有机宝石更是不耐高温的。除宝石的品种外，蜡镶对宝石的尺寸也有一定的限制，镶石过大容易碎石，过小容易在金属受热流动时包裹住宝石，也就是铸造出来宝石完全被掩盖在金属下面。所以以钻石为例，镶石大小一般在 0.33 分和 10 分之间。蜡镶可以使用的金属目前主要是银和 10K、14K、18K 金，铂金、钯金由于熔点过高，不能进行蜡镶的生产。

蜡镶的生产技术虽然在不断提高，但也难免会有一定的碎石率，这个概率目前为 1‰ ~2‰，因此昂贵的宝石不宜采用蜡镶。另外，如果在制作蜡版阶段宝石没有被牢固地镶住，灌浆时镶石脱蜡，浇注后宝石会脱落或者错位，这种情况就需要重新铸造，并且拆石很困难。尽量避免上述问题的办法，是在制作蜡版时镶牢靠，用加粗水口的方式使金属熔液能尽快灌满蜡版空腔。浇注好的蜡版要自然冷却，不要进行炸洗，因为高温镶石下，进行冷水炸洗，会发生碎石的情况。

蜡镶虽有它的局限性，但是对它的运用也有灵活的办法，很多时候对一件首饰采用部分蜡镶，将不适合蜡镶的宝石留在铸造后再做镶嵌。这样的方法除了能够提高生产效率，也能够减少贵重宝石的损耗、降低总成本。

蜡镶的制作步骤

1．准备蜡镶工具

焊蜡机是雕蜡的常用工具，如图 10-6 所示，其在蜡镶中是必不可少的。焊蜡机也可以用电烙铁来代替。

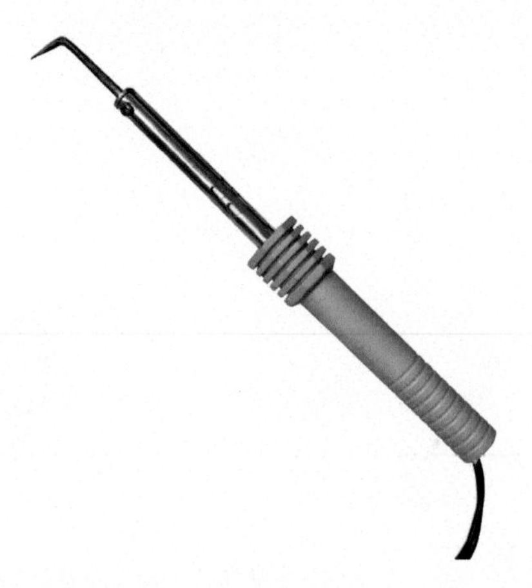

图 10-6 焊蜡机

2. 准备蜡版与宝石

案例中宝石使用直径为 1.3mm 的锆石，石位尺寸为宝石刚好能够放入，如图 10-7 所示。

图 10-7 蜡版和宝石

3. 修整蜡版

首先如果蜡版的钉过长，可以用镊子或刀切去多余部分，其次用钻头把镶口打通留洞，最后调整镶口，试石后根据情况使用尺寸合适的波针修整镶口，修整后用毛刷刷掉多余的蜡屑。反复试石确定镶口合适。钻孔如图 10-8 所示。

图 10-8 钻孔

4. 下石

将宝石放入石位，调整至平整。由于蜡有一定弹性，可以将宝石轻轻按压入石位，如图 10-9 所示。

图 10-9 下石

5. 熔蜡

宝石放入石位后，需要让蜡版的爪压住宝石，这个环节要使用焊蜡机或电烙铁。有两种实现方式。一种是融爪，即在焊蜡机或电烙铁顶部缠绕一段铜丝，将热量传至铜丝上，用细铜丝顶端融爪。采用这种方式的目的是减少熔蜡的面积，因为蜡镶中很多情况是使用较小的宝石，爪的尺寸也是远远小于焊蜡机加热头的。另一种是用焊蜡机加热宝石顶部，通过宝石导热至蜡，使蜡爪受热后接触宝石的部分轻微地流动，从而固定住宝石。此案例中采用的是第二种方式，如图 10-10 所示。

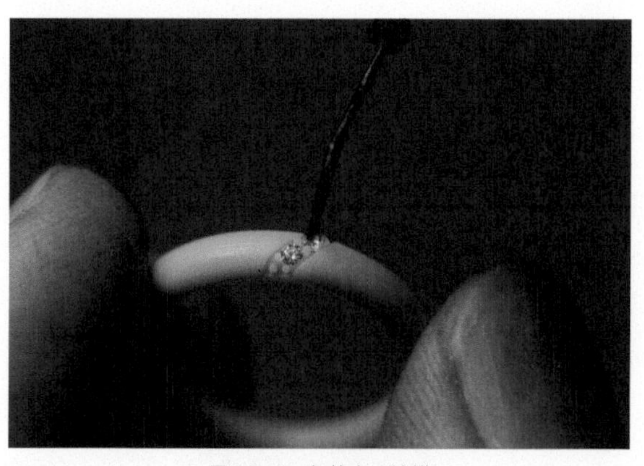

图 10-10 加热宝石熔蜡

6. 检查宝石固定情况

检查宝石是否稳固、爪的长度是否一致、是否有蜡屑残留，做好收尾工作，降低失败率，这样方可进行后续的浇注，如图 10-11 所示。

图 10-11 检查宝石固定情况

7. 完成蜡镶戒指

铸造后进行执模、电镀等工序，完成效果如图 10-12 所示。

图 10-12 完成蜡镶戒指

砂铸镶嵌的制作方法

砂铸的原理

砂铸在东西方的金属铸造中都有悠久的历史，在我国，母钱翻砂铸造从唐代到清代，一直是主要的钱币铸造工艺。虽然后来失蜡法成为金属工艺品、首饰的主要铸造方式，但是砂铸的工艺一直流传下来。其原理即首先有一个金属或坚硬材料的母版，将母版在红砂土中压出负形，并留出水口，再将高温熔化的金属从水口流入砂土负形，冷却后成型。砂铸的金属件表面有明显的颗粒感，因此不适合精细加工。所谓砂铸镶嵌是在母版压出负形后，将宝石提前按压在负形中合适位置，待金属熔液流入后包裹住宝石，从而实现镶嵌的一种镶嵌方式。图 10-13 所示为砂铸镶嵌从准备红砂土和母版、压负形、放宝石到铸造的原理图。

砂铸镶嵌对宝石的运用与蜡镶一样，都要选择耐高温宝石，但是砂铸镶嵌由于一般作为个人化的制作较多，因此很多时候用多样的宝石做尝试。但是在做多样的宝石的尝试时要注意有些宝石会因高温崩裂，有一定危险性，因此哪怕是实验性的制作，也建议选择具有一定耐高温性的宝石，保证制作过程中的安全。砂铸所用砂土为调和一定黏合剂的红砂土，常见的为代尔夫特黏土（Delft Clay），市场上也有销售其替代品的。

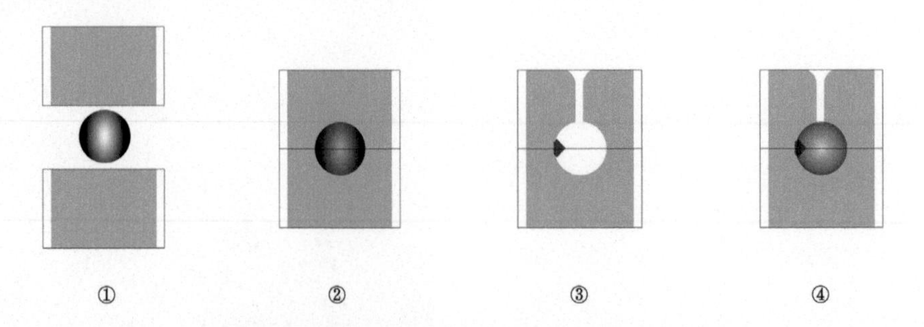

图 10-13 砂铸镶嵌原理（①准备红砂土和母版；②压负形；③放宝石；④铸造）

砂铸镶嵌制作步骤

1. 准备红砂土

在砂铸所用的红砂土中用喷壶喷水并搅拌，保持红砂土松软潮湿，如图 10-14 所示。

图 10-14 喷水搅拌红砂土

2. 压实红砂土

在铝环中灌满红砂土并压实，如图 10-15 所示。

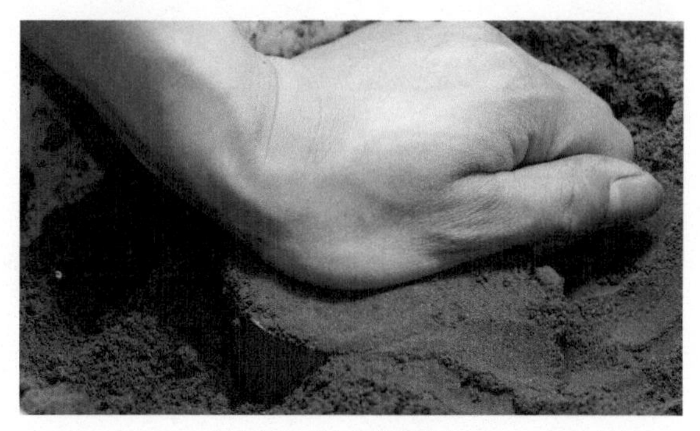

图 10-15 压实红砂土

3. 铲去多余红砂土

用钢尺或其他平直物品水平铲去多余的红砂土，如图 10-16 所示。

图 10-16 铲去多余红砂土

4. 隔离红砂土

在红砂土上扑一层滑石粉，可以用爽身粉代替，便于将两块模具分开，如图 10-17 所示。

图 10-17 隔离红砂土

5. 压制母版

将要翻制的母版在红砂土上压实，这里的母版可以是蜡模、木头、金属、石头等任何的硬质材料的模型，只要形状符合要求。此案例中使用的是一个雕好的水滴形蜡模。压制母版如图 10-18 所示。

图 10-18 压制母版

6. 压好母版

将蜡模的 1/2 按入红砂土，如图 10-19 所示。

图 10-19 蜡模的 1/2 压入红砂土

7. 盖铝环

将铝环的上半部分盖上，如图 10-20 所示。

图 10-20 盖铝环

8. 灌红砂土

在铝环上半部分灌满红砂土并压实，如图 10-21 所示。

图 10-21 灌红砂土

9. 分开铝环

小心地将两半铝环分开，如图 10-22 所示。

图 10-22 分开铝环

10. 去母版放宝石

去除母版后，选择在水滴形正面的印模中按入宝石，保证宝石能够有一部分露在外面，有一部分被浇注的金属包裹，以形成镶嵌关系，如图 10-23 所示。

图 10-23 去母版放宝石

11. 留水口

在水滴形背面的铝环中用粗钻头留出水口位置，也就是浇铸金属的入口，如图 10-24 所示。适当将水口外侧入口扩大，以便金属熔液顺利流入，如图 10-25 所示。

图 10-24 留水口（一）

图 10-25 留水口（二）

12．扣合铝环

将两半砂铸铝环扣合，如图 10-26 所示。

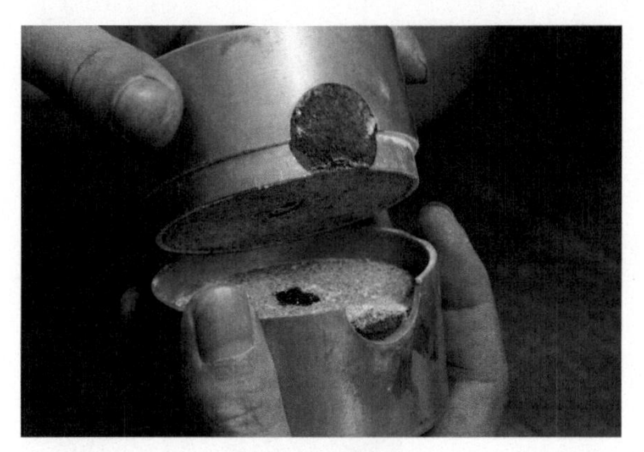

图 10-26 扣合铝环

13．金属化料

取适量金属化料，将金属在高温下熔化至液态，如图 10-27 所示。化料过程中需要穿防护服，戴防护面具。

图 10-27 化料

14．浇铸

将熔化的金属熔液沿水口倒入，如图 10-28 所示。

图 10-28 倒金属熔液

15．铸造完成

待金属冷却凝固后将砂铸铝环打开，如图 10-29 所示。

图 10-29 铸造完成

16．修整金属件

取出铸件，剪去水口，如图 10-30 所示。

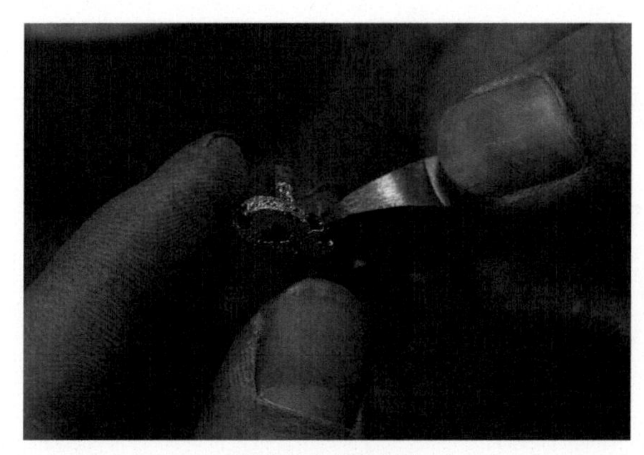

图 10-30 剪去水口

17．完成砂铸镶嵌

适当地表面处理后，完成砂铸镶嵌，如图 10-31 所示。

图 10-31 完成砂铸镶嵌

蜡镶与砂铸镶嵌在首饰设计中的应用

蜡镶作为一种提高宝石镶嵌效率的方式，尤其在大面积的宝石镶嵌中效果显著，其在中低端珠宝首饰产品中有较多应用，因为这类品牌产品价格相对较低，提高工作效率是降低成本的重要途径。但是从工艺本身的角度，蜡镶的效果是远不如手工镶嵌的。首先是在金属的处理上钉的底部是没办法处理光滑的，而在高端珠宝中细节的处理是彰显珠宝品质的重要方面；其次宝石在经过高温后都会多多少少存在问题，因此高端珠宝是不会选择蜡镶的，对于较好的宝石，手工镶嵌才是最保险也最能保证其美感的工艺方式。

从工艺创新的角度，蜡镶产生的初衷的确是模仿已有的镶嵌方式的效果，但是蜡镶也从另外一个角度提供了一种镶嵌制作手段的思考路径。例如很多艺术家和设计师在砂铸中灵活地展现着镶嵌的可能性。蜡镶与砂铸镶嵌同样是运用浇铸的方式，有很大创新的潜力等待去挖掘。虽然蜡镶和砂铸镶嵌都有其自身的局限性，但是在局限之外的可能性的确是其他制作手段不容易达到的。例如砂铸金属表面自然的颗粒感和与宝石自成一体的包裹感，是人工雕琢和手工镶嵌都很难做到的。砂铸镶嵌戒指如图 10-32 至图 10-35 所示。

图 10-32 砂铸镶嵌戒指（一）

图 10-33 砂铸镶嵌戒指（二）

图 10-34 砂铸镶嵌戒指（三）

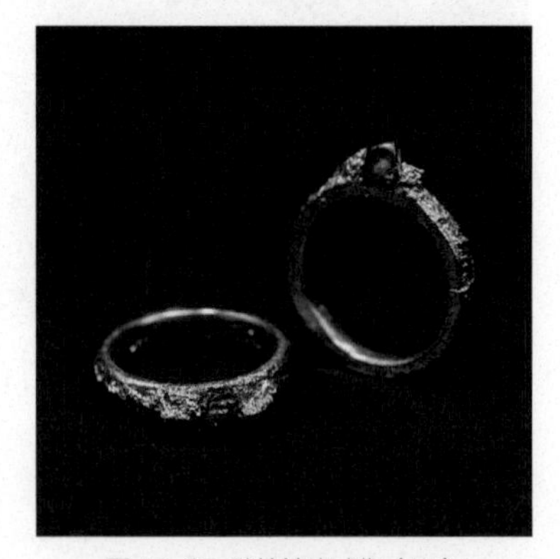

图 10-35 砂铸镶嵌戒指（四）

蜡镶是非常典型的顺应市场需求产生的一种镶嵌方式，同样饱含着劳动者的智慧，也有效地解决了首饰镶嵌中的一些问题。蜡镶需要制作者对其他镶嵌的结构和制作有所了解，这样才能建模出合适的镶石托。砂铸镶嵌中没有直接运用到镶嵌的技法，主要应用的是铸造的工艺流程。作为学习者，在掌握手工镶嵌工艺的基础上再来了解蜡镶和砂铸镶嵌的制作是较为扎实的过程，希望学习者能够在这些方式中举一反三，灵活地将这些方式运用到自己的设计之中。

第11章

孔镶

CHAPTER 11

孔镶与前文介绍的各种镶嵌方式的不同在于，它所针对的宝石形状是人们喜爱的圆滑的珍珠形状。孔镶在不破坏珍珠本身形状美感的基础上寻找固定的方式，被广泛运用在其他材质的珠子结构中。

孔镶概述

所谓孔镶，主要是针对有机宝石珍珠，以及一些打磨成珠子形态的宝石的镶嵌方式。珍珠由于其自然生长的美感，不需要后期的雕琢，为了尽量呈现它天然的美感，一般不用爪镶、包镶等较多遮挡的镶嵌方式，也很少切割，更多的情况是在珍珠上打孔，借金属丝辅助黏合剂，来连接珍珠与金属的结构，从而最大限度地呈现珍珠整体的样态。关于珍珠的打孔，孔可以有打通和不打通两种状态，另外孔的位置，要根据设计的需要而定。例如，图 11-1 所示的较为规整的水滴形的珍珠，在水滴形角头处打孔连接成耳饰，视觉上更有垂坠感，这类珍珠打孔有一定规律性；而图 11-2 所示的蒂芙尼菊花异形珍珠钻石胸针则采用大量的长条形异形珍珠来模仿菊花的花瓣，每一颗异形珍珠都不同，打孔的位置也要根据设计中珍珠所在的位置和珍珠的形状而定。在规则与不规则之间，珍珠的镶嵌存在更多的可能性。值得一提的就是，在清代的宫廷首饰中，串珠的制作手法与我们所说的孔镶有同样的原理，并且成为清代宫廷饰品中浓墨淡彩的一笔。清代宫廷饰品如图 11-3 所示。

图 11-1 孔镶珍珠钻石耳环

图 11-2 异形珍珠钻石胸针

图 11-3 清代宫廷饰品

孔镶的制作方法

大多数珠子形态的宝石，无论是天然的还是打磨而成的，串珠是较为普遍的运用方式。这种运用方式是非常适合三维的珠子形态的，也是十分稳定的，甚至有深远的历史可以追溯——将石砾、骨牙、贝壳钻孔串成挂在脖子上的装饰物，被认为是人类首饰的雏形。由于这种方式历史久远，也承载着一些宗教的色彩，例如佛珠，它的数量、材质都有约定俗成的规范，它也在佛教的修行过程中具有功能性，因此将串珠这种方式在介绍孔镶之前提及，是有必要的。它的方式简单，无须特殊的训练也可完成，但是它的意义非凡。那么对于单颗的珠子或异形的宝石，如果想通过镶嵌的方式使其相对独立、无遮挡地呈现其装饰美，孔镶是较为合适的选择，当然也要依据具体的宝石情况和设计需要而定。下文将介绍三种常见的孔镶制作方法。孔镶珍珠戒指和孔镶珍珠耳环分别如图 11-4 和图 11-5 所示。

图 11-4 孔镶珍珠戒指

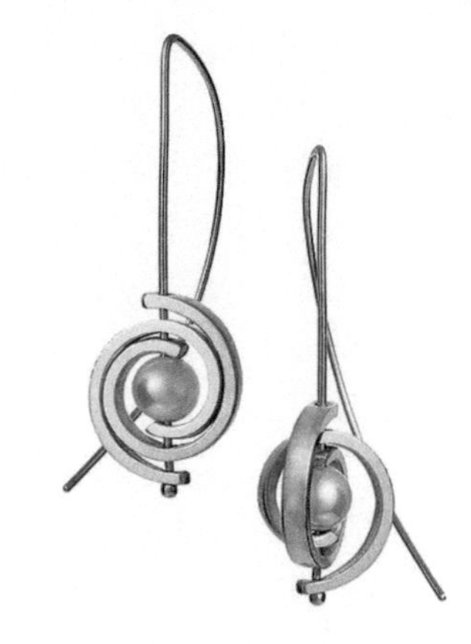

图 11-5 孔镶珍珠耳环

孔镶的制作步骤

方法一

1. 材料准备

准备直径不小于 5mm 的珍珠，准备直径为 1mm 左右的金属丝、厚度约 0.7mm 的金属片，以及黏合剂。

2. 珍珠打孔

由于多数珍珠并不是每个角度都完美无瑕的，因此打孔时可以选择有瑕疵的位置打孔，起到一定的遮挡作用。最好是使用专门的珍珠打孔机打孔，因为这最为稳定，如图 11-6 所示。也可用木夹夹紧珍珠，用吊机打孔。珍珠硬度低，可以用钻头打孔，但如果是莫氏硬度高的宝石，就要用金刚砂针头打孔，例如玉石。孔的深度约是珍珠直径的 1/2 到 2/3，注意要保证孔垂直至球体中心。对于异形珍珠也一样，要保证孔垂直于整体形状的中心。

图 11-6 珍珠打孔机打孔

3. 准备金属底托

这里的金属底托不起固定的作用，主要连接金属丝与佩戴结构之间的衔接作用，并且遮挡金属丝与珍珠孔洞之间的缝隙和黏合剂，提升精致度。金属片首先要裁切出所需要的形状，一般为圆形，尺寸一般为珍珠直径的 1/2 到 1/3，如图 11-7 所示。再用与珍珠尺寸一致的窝錾和窝作敲出与珍珠贴合的弧形。金属底托亦可以设计成丰富的造型，如图 11-8 所示。

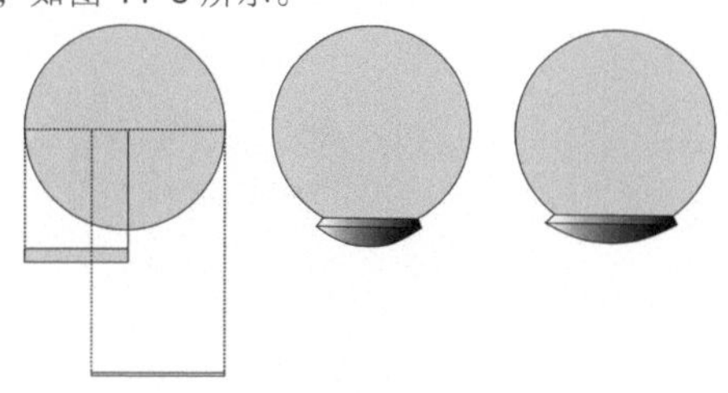

图 11-7 金属底托尺寸

图 11-8 花式金属底托

4. 准备金属丝

用于插进珍珠孔洞中的金属丝的长度和直径要与孔洞吻合。金属丝表面要进行粗糙处理，主要有两种方式。第一种是用套丝工具或旋拧金属丝的方式，将金属丝处理成螺旋纹，如图 11-9 所示。旋拧时可以将金属丝一端用台钳固定，另一端用老虎钳夹紧顺时针旋转，逐渐拧出螺旋纹，这样将金属丝像螺丝一样旋拧入珍珠孔洞，增加了珍珠与金属丝之间的摩擦力，再配合黏合剂，也增加了黏合剂的附着面，使其更加稳固。第二种是用矬子或剪钳在金属丝表面留下凹痕，以增加它的粗糙感，增加黏合剂在金属上的附着面，如图 11-10 所示。

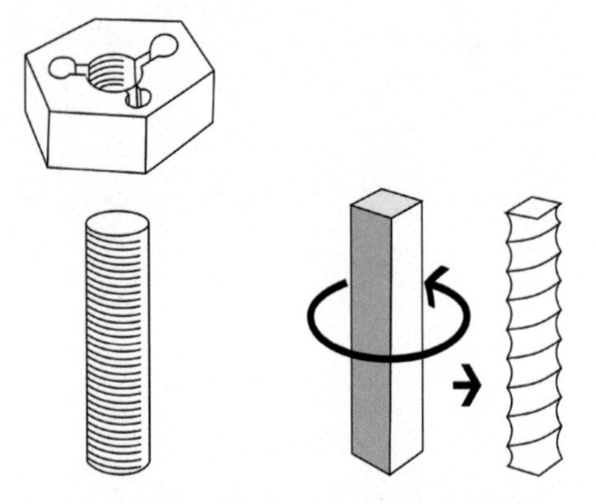

图 11-9 用套丝工具或旋拧金属丝的方式处理成螺旋纹

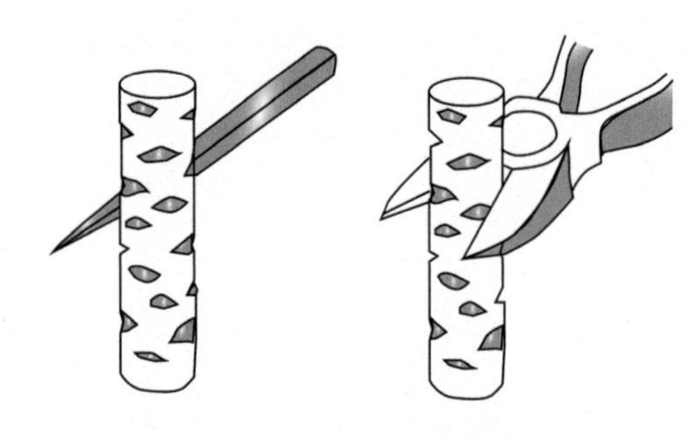

图 11-10 用矬子或剪钳做凹痕

5. 焊接金属并执模

将所需的金属环、戒指环等在固定珍珠之前准备好，与金属丝一起焊接在金属底托上，如图 11-11 所示。最后在粘连珍珠前将金属的执模做好。

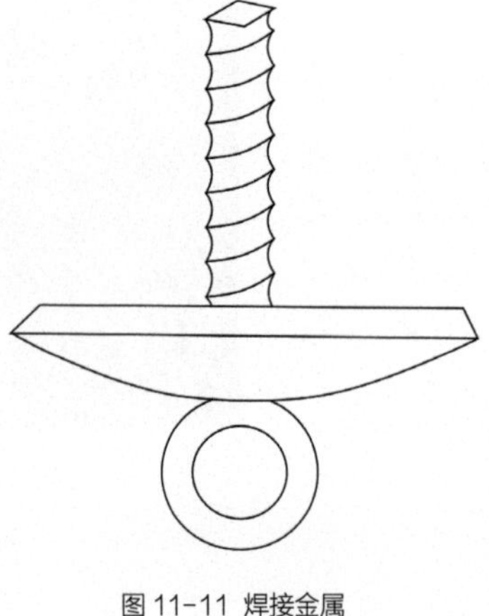

图 11-11 焊接金属

6. 固定珍珠

金属丝旋拧入珍珠孔洞后，将调和好的黏合剂少量放在金属丝根部。黏合剂使用常见的 AB 胶即可达到很好的粘连效果。注意黏合剂挤压后会摊开，如果放太多会溢出金属底托，影响美观，也会增加一个处理的程序，所以黏合剂一定要适量。旋拧金属丝如图 11-12 所示。

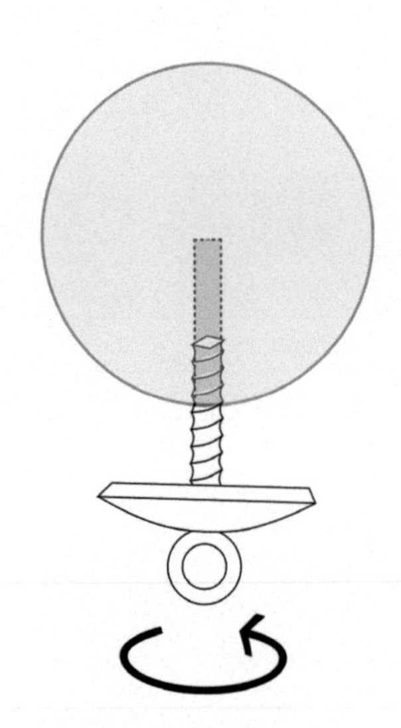

图 11-12 旋拧金属丝

方法二

1. 材料准备

方法二的适用范围没有方法一广，适合较大尺寸的珍珠，并且只能选择珍珠这类硬度低且材质较轻的珠子。方法二的金属丝需要有一定的粗度，直径至少 2.5mm，金属需要使用紫铜、925 银或 K 金等有一定弹性的金属。金属托和金属配件的准备参照方法一。

2. 打孔

先借助打孔机在珍珠上打一个垂直的孔，再用吊机配合与打孔机同样尺寸的牙针将孔洞旋转式扩成上宽下窄的柱状，扩孔方式如图 11-13 所示。另外，为避免最后出现孔洞尺寸过大的情况，这里所用钻头和牙针最好比金属丝略小一点，因为在扩孔过程中难免会把孔洞最细处也打磨到，整体尺寸会增大。

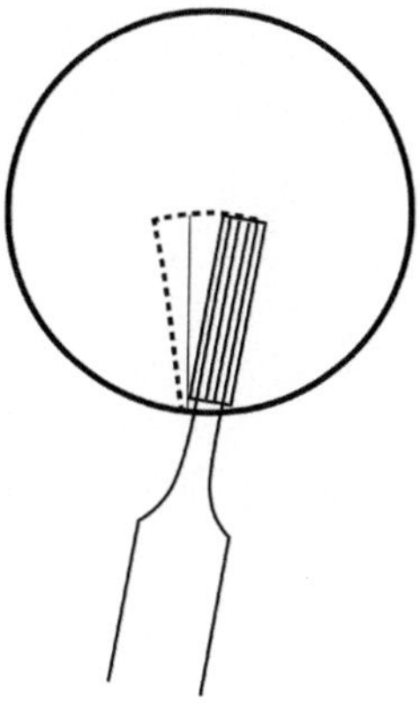

图 11-13 扩孔

3. 焊接金属丝及配件

与方法一的差别在于，这里是先焊接金属丝和配件后再处理金属丝，如图 11-14 所示。因为此方法中的金属丝要保持一定的弹性，因此需要在焊接环节都结束后用铁锤锻打使金属丝变硬。注意金属丝较细，锻打时力量要小，不要用力过猛使金属丝产生较大的粗细变化或变形，同时需要金属底托尽量小。另外，可以在此环节做好执模。

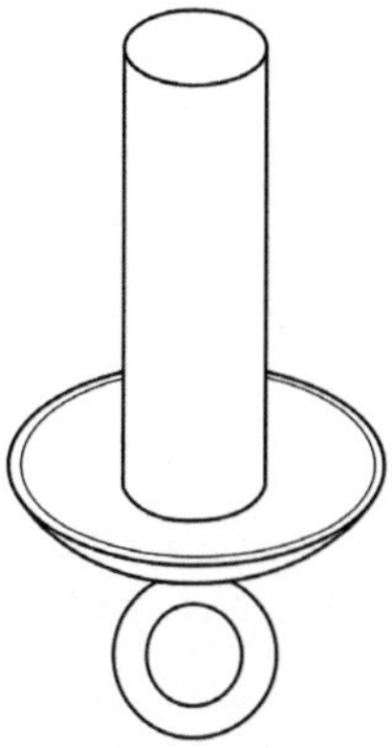

图 11-14 焊接金属丝及配件

4. 锯金属丝开口

用较细的锯丝将金属丝从顶端一分为二锯开，开口长度约为金属丝长度的 2/3，如图 11-15 所示。

5. 撑开金属丝

用扁刀片或线錾从金属丝顶端沿开口撑开，如图 11-16 所示。

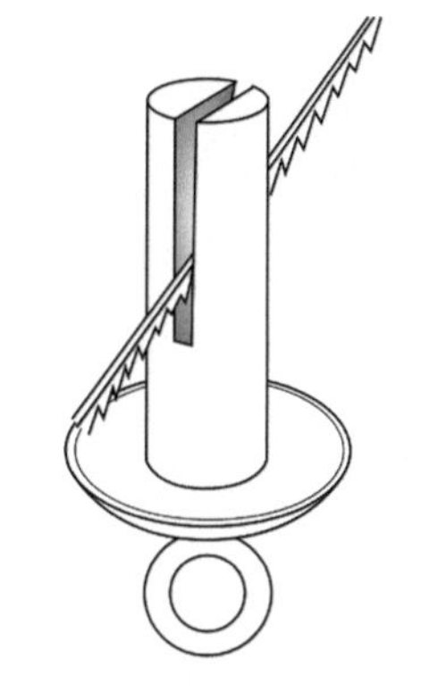

图 11-15 锯金属丝开口

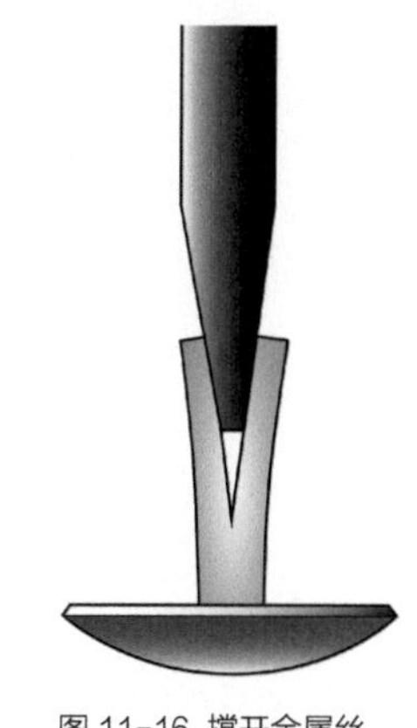

图 11-16 撑开金属丝

6. 固定珍珠

被撑开两瓣的金属丝由于弹性很难回到初始状态，这时用钳子将金属丝夹拢插进珍珠孔洞后，金属丝会在孔洞中的空间里张开，这样也就利用金属的弹力起到固定珍珠的作用。这个方法也需要在金属丝根部施以黏合剂，如图 11-17 所示。

方法二没有方法一应用率高、适用面广，但这种方法在工艺上更有镶嵌的特质。

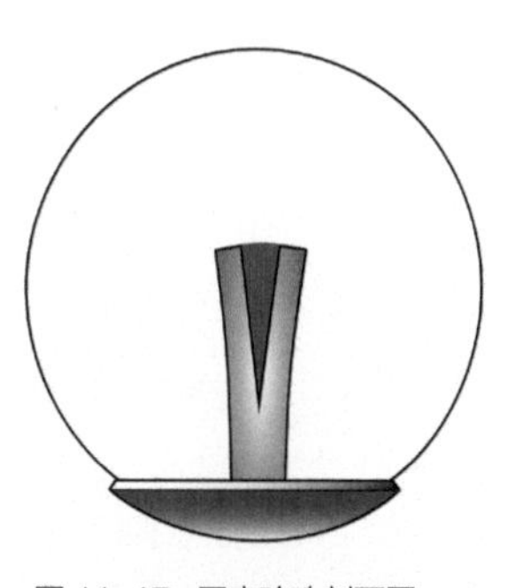

图 11-17 固定珍珠剖面图

方法三

1. 材料准备

方法三是全打孔的固定方式。有很多全打孔的成品珠子可以直接购买，不一定需要自己打孔。一般珠子是被串起来的，并且是活动的，不需要金属底托，其他部分可以依据设计有很多巧妙的变化，这里只介绍较为常见的全打孔珠子的固定方式，这种方式适用于任何材质的珠子。

2. 金属丝尾端的处理

如果珠子的一头是没有结构固定的，那么需要有一个金属结构顶住孔洞，这个大于孔洞直径的结构一般有两种方法处理。一种是通过火枪的持续高温加热，将金属丝尾端烧结成一个金属球，方式和角度如图 11-18 所示。另一种是将金属丝用台钳固定住，金属丝在台钳上端露出约 2mm，用平头铁锤锻打的方式使露出的一段金属丝延展，如图 11-19 所示。用以上两种方法做出大于珠子孔洞直径的金属体块后，一般烧结的方法直接可以得到一个光滑的金属球，锻打的方法需要经过锉磨使形状规整才可使用。

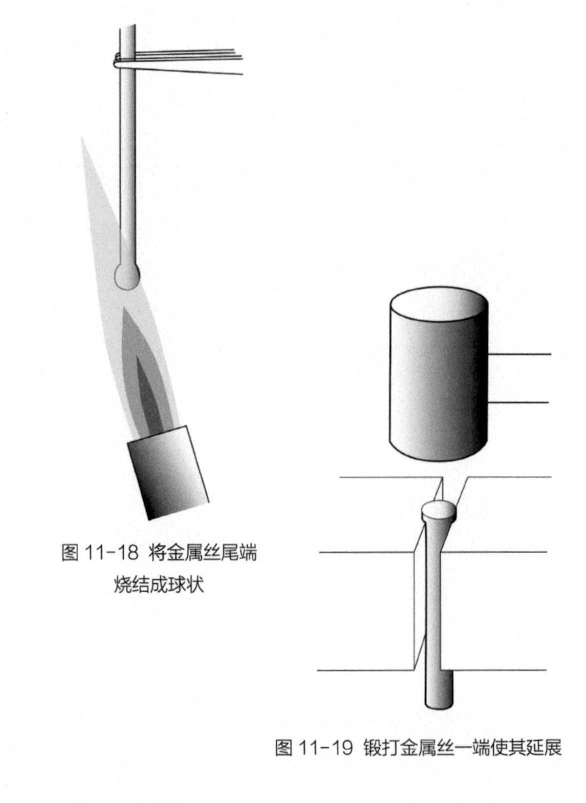

图 11-18 将金属丝尾端烧结成球状

图 11-19 锻打金属丝一端使其延展

3. 珠子的固定

将珠子从另外一端穿入后，借助圆头钳，将穿入珠子的一端弯折成金属环，再与其他结构连接，如图 11-20 所示。如果珠子两端都需要连接其他结构，那么可以在金属丝一端焊接一个金属环，穿入珠子后，再将另一端弯折成金属环，如图 11-21 所示。

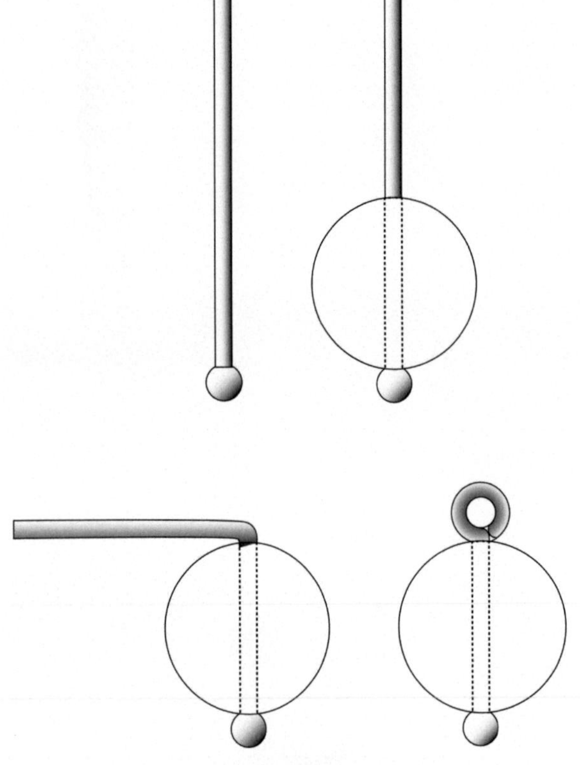

图 11-20 金属环一端固定珠子

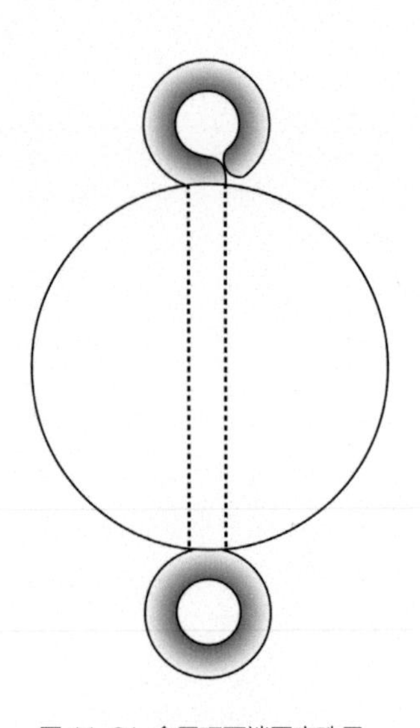

图 11-21 金属环两端固定珠子

孔镶在首饰设计中的应用

珠子的运用几乎贯穿整个首饰的历史，从最开始简单的串珠，到借助金属控制珠子的位置，“孔”对于人类从自然事物中探寻身体装饰物起到了至关重要的作用。图 11-22 所示是公元 586-711 年产于西班牙的一串宝石，各色宝石被尽量打磨光滑，显露出漂亮的色彩，借助孔和线串联出热情的人们对于浓烈色彩的向往。一千年后的中国清朝，同样把色彩浓烈的宝石打磨规整，串联出皇家的仪式感和象征性，如图 11-23 所示。

在这些打孔的宝石中，珍珠可以算是色彩最为寡淡的，但是它天然的饱满和润泽，依然得到了人们广泛而持久的喜爱，另外由于珍珠的易得、好加工等特点，成为首饰历史中最为重要的有机宝石之一，孔镶这种镶嵌方式也因为珍珠变得越来越完善，如图 11-24 和图 11-25 所示。

图 11-22 串珠（V&A 博物馆收藏）

图 11-23 碧玺手串（故宫博物院收藏）

说到以珍珠为主的孔镶，不得不提的就是以养殖珍珠著称并成长为高级珠宝品牌的御木本。1893 年，MIKIMOTO 的创始人御木本幸吉成功开创了珍珠养殖的先河。在此后一百多年的时光中，MIKIMOTO 从未放弃探究珍珠的魅力，始终将梦想寄于珍珠珠宝中，也极大地促进了珍珠在珠宝中的运用。

图 11-24 耳饰（V&A 博物馆收藏）

图 11-25 金嵌珍珠盘长式耳环（故宫博物院收藏）

除了御木本，还有很多设计师都有对珍珠的精彩演绎，珍珠的圆润也好，异形也好，它天然的特质都给设计者留下了挑战的空间，如图 11-26 和 11-27 所示。另外，在别具一格的新艺术运动时期的首饰中，我们总是能看到珍珠的身影，它或是因其独一无二的造型成为设计中的主角，或是作为清新的点缀，或是如同整件首饰的一个“句号”垂坠在首饰下端，如图 11-28 至 11-30 所示。

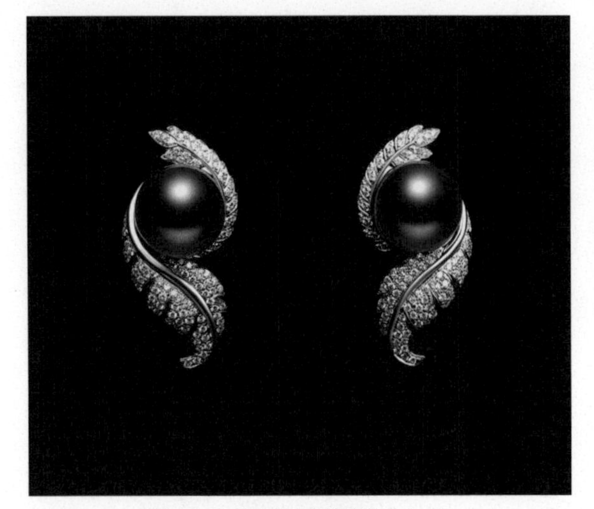

图 11-26 珠宝艺术家熊宸作品（一）

图 11-27 珠宝艺术家熊宸作品（二）

图 11-28 新艺术运动风格首饰（一）

图 11-29 新艺术运动风格首饰（二）

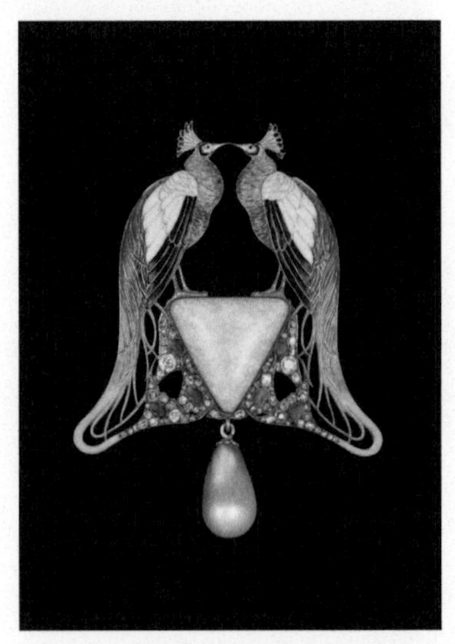

图 11-30 新艺术运动风格首饰（三）

孔镶这种镶嵌方式固然少了些许工艺上的考究，但它所能达到的效果也是首饰设计形态中必不可少的。宝石的美需要通过不同的琢型丰富地体现，孔镶所带来的是最大限度地展现珍珠这种有机宝石的美感，这种美是非常活泼而灵动的。从艺术价值的角度来看，孔镶与其他镶嵌方式不分伯仲。

第12章

创意镶嵌

CHAPTER 12

创意镶嵌并不作为一种镶嵌方式存在，而是宝石镶嵌工艺学习者在工艺学习的基础上，做出的思维拓展和创造力发挥。创意镶嵌使工艺学习不刻板地遵循规律，而进一步地向个性化和创新性推进。

创意镶嵌概述

在传统的以及近现代衍生出的镶嵌方式下，宝石的光彩得到了较为充分的展现，镶嵌的工艺也有了约定俗成的范式，宝石的鉴定也因镶嵌工艺所带来的宝石价值的提高而标准化。从前文的镶嵌工艺中大家能够较为系统地了解镶嵌的制作方法，但是已有的标准化和常规的方式方法并不意味着宝石的呈现方式只能在已有的框架内选择，也并不意味着宝石与金属的关系只能从某几个镶嵌工艺中做选择。从设计师和艺术家的角度，能够创造性地看待宝石与金属的关系，在任何时代都是必要的，不然也不会诞生无边镶、张力镶等这些富有创造力的镶嵌工艺。

所谓创意镶嵌，看似是非常宽泛又极具包容性的，但其有一个大的前提是在了解金属和宝石的特性，掌握基本的镶嵌工艺的基础上，再灵活地应用金属与宝石的结合关系，从而找到最恰当的方式呈现自身的设计或思考。所以创意镶嵌是宝石镶嵌工艺学习后的一个思维提升，而不是与前面章节并列的工艺学习。

每个人的创意镶嵌都可以有一个自己的方法，在此笔者只是依照观察到的一些有创意的镶嵌方式进行归类总结，为初学者提供一些思考方向的引导，但并不希望大家被这些分类局限，在这些类型外还应该有无限的可能性。下文中的各类型之间会有交叉，需要灵活看待，希望为首饰设计、宝石镶嵌的学习者提供参考和带来启发。相关案例如图 12-1 所示。

图 12-1 吴冕作品《复生》

结构拓展类创意镶嵌

在学习了宝石镶嵌工艺后，宝石与金属之间的关系有很多可以挑战和玩味的空间，突破常规的思考会令工艺的学习更加有创造力。本部分的案例多是在已有的镶嵌方式的基础上，对结构的再设计，相信会给很多镶嵌工艺学习者带来很大的启发。

“不适宜”的尺度

这一类镶嵌的创意主要是在熟练掌握镶嵌工艺和了解镶嵌结构的基础上，灵活地运用镶嵌工艺，突破工艺流程中的某些规范和定式，在打破结构尺度中找寻到个人化的表现语言。尺度的差别会令审美和感受力产生很大的不同，这种时候“适宜的”“常规的”“标准的”尺度该是被突破和挑战的。例如爪镶的爪可能演变得异常粗壮、镶嵌的宝石底部朝上、包镶的边缘看似不被修整等思考方式都有可能在不同的设计者的理解中带来完全不同的张力和效果。相关案例如图 12-2 至图 12-4 所示。

图 12-2 艺术首饰（一）

图 12-3 艺术首饰（二）

图 12-4 艺术首饰（三）

以下这几件设计都是以张力镶作为基础结构的。张力镶本身就是一种极具工艺魅力的镶嵌方式，看似很难掌握和有很多制作限制的张力镶，却是发挥想象力的好“入口”。下面几个设计每一个的切入点都有所不同，有的是较为轻松、简单的，如图 12-5 和图 12-6 所示；有的是严谨而又不失巧妙的，如图 12-7 和图 12-8 所示。

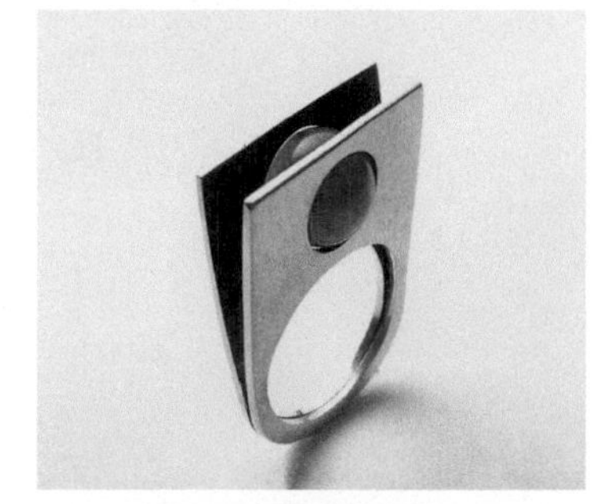

图 12-5 艺术首饰（四）

图 12-6 艺术首饰（五）

图 12-7 艺术首饰（六）

图 12-8 艺术首饰（七）

“不稳固”的结构

在常规的镶嵌结构中，首要的就是将宝石稳固在金属结构上。以下这些设计中，宝石与金属之间的关系是稳固但并不固定的，这样的结构是突破常规的。宝石与金属之间的关系成为设计的对象，那么结构的趣味性也就成为设计的亮点。这些结构中，有的是利用宝石与金属卡槽的关系，使其可滑动；有的是为宝石设计一个“笼子”，使宝石在“金属笼”中有活动的空间；还有的是使宝石成为可拆卸的，利用佩戴首饰时金属结构与身体之间的关系固定宝石。这些创意都在挑战金属与宝石之间的稳定关系，佩戴中宝石无论是滑动的，还是可以拆卸玩味的，都给佩戴者增添了一份玩味的体验。相关案例如图 12-9 至图 12-14 所示。

图 12-9 艺术首饰（八）

图 12-10 艺术首饰（九）

图 12-11 艺术首饰（十）

图 12-12 艺术首饰（十一）

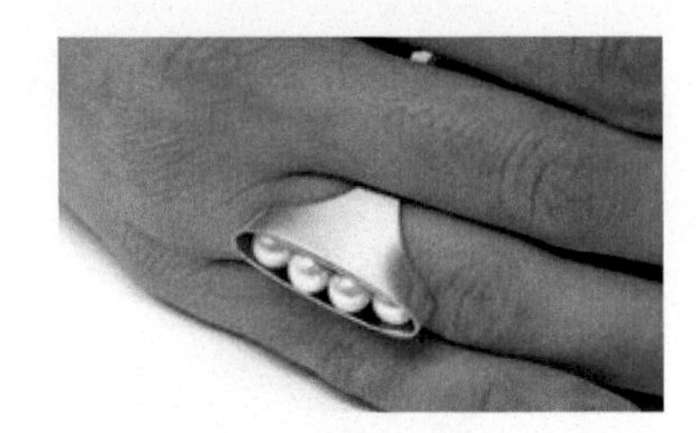

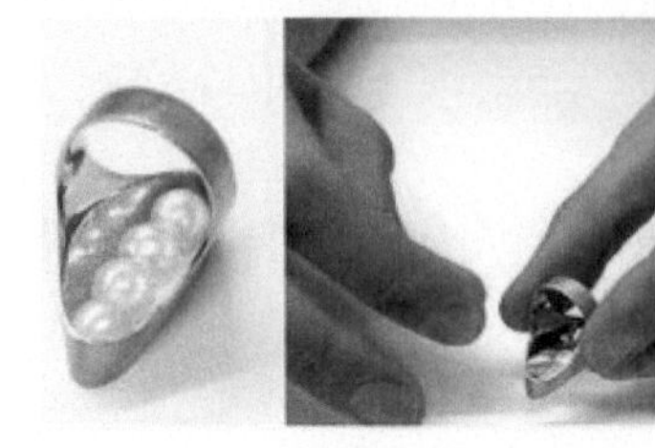

图 12-13 艺术首饰（十二）

图 12-14 首饰作品（作者：刘洋）

“宝石”材料创意类镶嵌

所谓宝石材料创意中的“宝石”并不一定是宝石，它充当的是在镶嵌结构中被镶嵌材料的代表。在被镶嵌的材料中，除了宝石类材料，还有很多丰富的材料可以用镶嵌的方式固定，从而借助金属镶嵌的固定方式来呈现不同材料的魅力。

“不规则”的宝石

宝石的琢型在第 1 章中有所介绍，这些常规的琢型都有与之配合的镶嵌方式，这些琢型不外乎是最能体现宝石光彩的“设计”。但是在这些琢型之外，我们经常会对一些具有意外性的形状很有好感，也许是因为这些形状打破常规，也许是因为这些琢型展现的是宝石质朴的美感，也许是出自设计师的需要而量身定制的，如图 12-15 至图 12-18 所示。

图 12-15 艺术首饰（十三）

图 12-16 艺术首饰（十四）

图 12-17 艺术首饰（十五）

图 12-18 艺术首饰（十六）

不是宝石的“宝石”

金属和宝石必然是镶嵌的常规材料，但是当镶嵌作为一种创作的表达形式，或者作为一个“设计”的主题时，材料的丰富性就成为创新的突破点。这一类的创意有着与镶嵌有关和无关的双重解释空间，它的产品化也许是有一定难度的，但是在作品层面确实为首饰艺术和设计的学习者提供了思维拓展的有效途径。不是宝石的“宝石”相关艺术首饰作品如图 12-19 至图 12-22 所示。

图 12-19 艺术首饰（十七）

图 12-20 艺术首饰（十八）

图 12-21 艺术首饰（十九）

图 12-22 首饰作品《钻石奶嘴》

工艺类创意镶嵌

所谓镶嵌工艺的创意，是指金属或其他用于固定宝石的材料的使用方法及制作工艺的创意。这个类别中有一些技术难度较高，是为了解决高级珠宝中的实际问题而设计的，例如为了减轻质量用钛金属镶嵌；有一些是为了适应批量生产降低生产成本又兼顾美观性而设计的，例如环氧树脂的应用；还有一些是用综合材料来起到镶嵌作用或效果的方式，这一类更加个性化，例如用绳编工艺或毛毡等材料来固定宝石。所针对的领域不同，解决的问题不同，应用的宝石不同，方法可以丰富多样。

钛金属

钛金属具有质量轻且硬度高的特点，多应用于航空领域。钛金属硬度高且质量只是黄金的约 1/5。近年来不乏钛金属在首饰领域的运用，除了质量轻、硬度高的优势，钛金属还具有丰富多变的色彩，为金属增添一重魅力。在体量大的高级珠宝中，往往使用 K 金或铂金等贵金属来制作，然而实现了其贵重的价值属性的同时，却经常会因太重而大大降低佩戴的舒适性，甚至无法佩戴。对于这个问题的解决，值得一提的是中国香港珠宝艺术家陈世英（Wallace Chan）。钛金属的硬度高，制作难度很大，更不用说镶嵌了，陈世英用了八年的时间掌握了钛金属在珠宝上运用的技术，延伸了珠宝艺术的可能性。陈世英这类珠宝艺术家大胆运用了钛金属，很大程度上帮助大众增强了对钛金属的认识，丰富了镶嵌的金属材料，也使得越来越多的首饰设计师尝试运用钛金属来制作首饰，如图 12-23 至图 12-25 所示。

图 12-23 Stephen Webster 钛金属珠宝（V&A 博物馆收藏）

图 12-24 钛金属镶嵌（一）

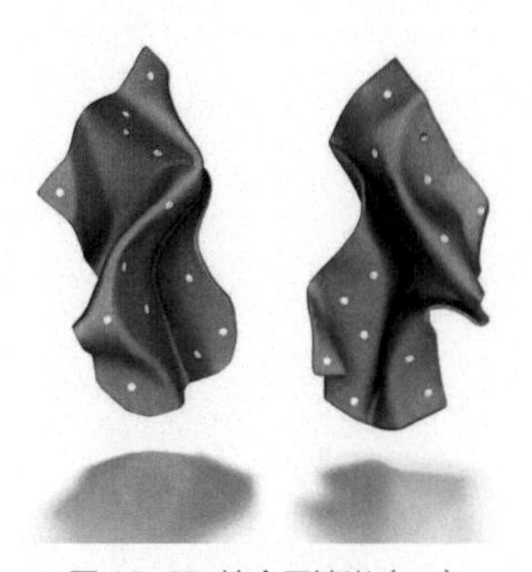

图 12-25 钛金属镶嵌（二）

饰品胶泥

利用饰品胶泥（环氧树脂）黏合人造水晶或其他装饰材质起到镶嵌的效果，是近些年来在中低端饰品中常用的镶嵌方式，如图 12-26 和图 12-27 所示。这种材料的优点是胶泥可以有丰富的色彩，因此可以根据宝石的颜色选择胶泥的颜色，达到视觉效果的统一，另外制作难度和材料成本都很低。其缺点是这种镶嵌方式在一定的技术水平下能够保证较为稳固，但是相对金属镶嵌，宝石还是容易脱落的，另外就是精致程度和质感远不及金属镶嵌的效果。

图 12-26 胶泥镶嵌人造水晶首饰（一）

图 12-27 胶泥镶嵌人造水晶首饰（二）

银黏土

银黏土是将纳米级的银粉和水性胶混合制得的产品，塑形十分方便。在捏好造型后烧制，高温后得到的银纯度可以高达99.9%。银黏土一方面使金属工艺有了更多的可能性，它可以如橡皮泥一样轻松地压印出一些图案或肌理；另一方面它易于操作，降低了金属制作的门槛，使很多手工爱好者可以通过这个材料实现简单的金属制作。此类材料还有液体的银膏，和银黏土有同样的原理。银膏可以用小毛笔刷刷在叶子之类的材质表面，翻制肌理的质感更加逼真。

如果用银黏土镶嵌宝石，可以在黏土塑形阶段制作出固定宝石的包边等，加热后一体成型，也可以后期镶嵌。如果是一体成型镶嵌宝石，需要注意的是，因为银黏土后期需要经过800℃ ~850℃高温加热，因此要选择耐高温的宝石，例如天然锆石等；另外加热后的银黏土会有一定的收缩，因此镶嵌宝石的金属边或金属爪的尺度要适度放大、加厚，以免加热后镶嵌不稳。银黏土饰品如图12-28和图12-29所示。

图12-28 银黏土饰品（一）

图12-29 银黏土饰品（二）

综合材料

综合材料的范畴是十分广泛的，也是具有个性化特点的。每个人都可能对某种材料展开奇思妙想，建立自己的制作技法的流程体系，这中间包含的是对设计中所需材料的大胆构想和丰富应用，也必然经历一个不断试验的过程。这一类镶嵌中，综合材料与宝石的搭配更多时候不是为了镶嵌而镶嵌，而是为了整体效果和谐，因此一般不会使用昂贵的宝石。玻璃、人造水晶、鹅卵石、木头、桃核等任何可以包裹的材料都可能成为被镶嵌的对象，如图12-30和图12-31所示。

图12-30 综合材料镶嵌饰品（一）

图12-31 综合材料镶嵌饰品（三）

以镶嵌为主题的思维拓展

镶嵌作为一种工艺，呈现着宝石与金属之间的关系。对于关系本身，我们可能会从它的结构、材料、工艺等出发来实现关于镶嵌的创意设计。除此之外，镶嵌还可以作为一个命题，供我们更加深入地探讨，下面通过三组作品来分析。

首先看到的这组作品的作者是首饰艺术家卡尔·弗里奇（Karl Fritsch），他在作品中大量地呈现金属与宝石之间的关系。虽然创作者没有通过明确的作品主题来提示创作初衷，但是我们能够通过作品本身感受到恰到好处且轻松的首饰语言。金属表面的处理，保留了指纹和手捏的痕迹，它像是一种松软的材质，瘫软着就捆绑住了宝石，如图 12-32 至图 12-37 所示。

图 12-32 Karl Fritsch 作品 Ring:# 434

图 12-33 Karl Fritsch 作品 Ring:# 530

图 12-34 Karl Fritsch 作品

图 12-35 Karl Fritsch 作品 Ring:# 533

图 12-36 Karl Fritsch 作品 Ring: Untitled（一）

图 12-37 Karl Fritsch 作品 Ring: Untitled（二）

如果说 Karl Fritsch 的作品在用轻松慵懒的语言诉说着宝石与金属之间的关系，那么来自荷兰阿姆斯特丹的首饰艺术家西格德·布龙格（Sigurd Bronger）的作品则把物与物之间的关系讲述得更加细腻和微妙——镶嵌在这里需要的不是工艺和技巧，而是安静地寻找最恰当的控制点或一个瞬间。相关作品如图 12-38 至图 12-41 所示。

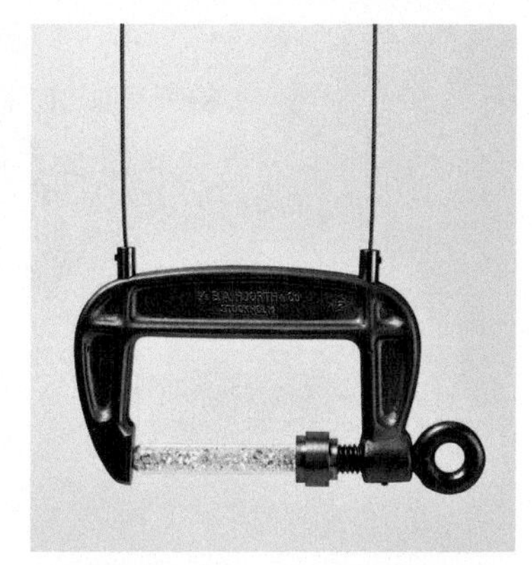

图 12-38 Sigurd Bronger 作品（一）

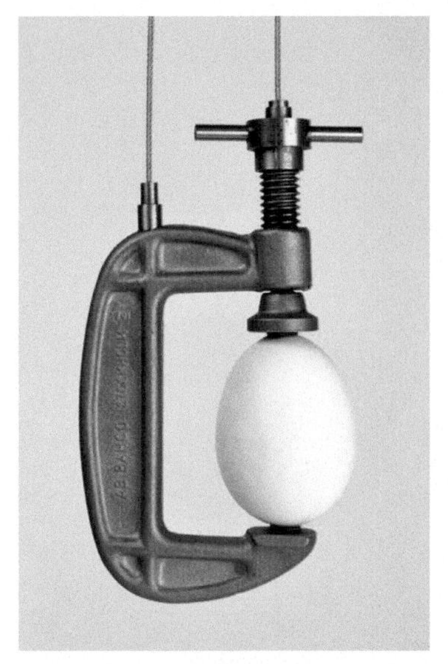

图 12-39 Sigurd Bronger 作品（二）

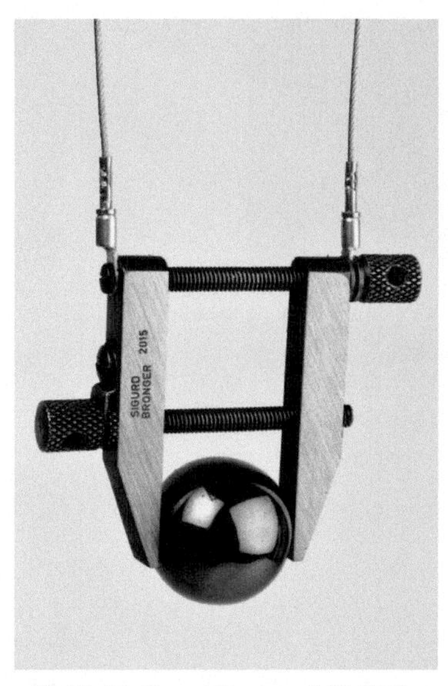

图 12-40 Sigurd Bronger 作品（三）

图 12-41 Sigurd Bronger 作品（四）

下面是笔者以“镶嵌”为主题的一组创作，在这组作品中，作品的形式不局限在首饰上，而是以装置或物件等多种形式呈现。《小心有眼》这件作品是为展览画廊的窗户做的一个帘子，帘子上的孔洞都是各种镶嵌的镶石托的样式，但是没有宝石，以这些镶石托留下的孔洞隐喻镶嵌的不是宝石，而是人站在帘子边从孔洞窥视的目光，如图 12-42 和图 12-43 所示。*NO SMOKING, NO JEWELRY* 这件作品分为两个部分，一部分是宝石被卷进了烟丝中，另一部分是通过吸烟行为随着烟灰掸落的宝石被镶嵌在金属的烟盒上，表现两重镶嵌关系，如图 12-44 至图 12-46 所示。

图 12-42 《小心有眼》整体

图 12-43 《小心有眼》局部

本部分的作品案例分享，有一些表达的含义是较为直接的，有一些是更加隐晦的。这些艺术家都有金属工艺和首饰设计的学习背景，在了解镶嵌工艺基础上又艺术化地表达了“镶嵌”这个主题，或“镶嵌”影响下的主题，作品的初衷和最终的呈现都体现着创作者对宝石镶嵌工艺不同层面的理解和表达。宝石镶嵌看似是一项工艺，实则体现一种关系，对它的理解，可能远超出工艺领域。希望本章的介绍能带给学习者一些启发。

图 12-44 *NO SMOKING, NO JEWELRY*（一）

图 12-45 *NO SMOKING, NO JEWELRY*（二）

图 12-46 *NO SMOKING, NO JEWELRY*（三）